Heinrich Benrath

Die Normal-Zusammensetzung bleifreien Glases

und die Abweichungen von derselben in der Praxis. Technischchemische

Studie.

Heinrich Benrath

Die Normal-Zusammensetzung bleifreien Glases
und die Abweichungen von derselben in der Praxis. Technischchemische Studie.

Hergestellt in Europa, USA, Kanada, Australien, Japan

Cover: Foto ©berggeist007 / pixelio.de

Weitere Bücher finden Sie auf **www.hansebooks.com**

Die

Normal - Zusammensetzung

bleifreien Glases

und

die Abweichungen von derselben

in

der Praxis.

———

Technisch - chemische Studie

von

H. E. Benrath.

———

(Dorpater Magisterdissertation.)

Herrn

Professor Dr. C. Schmidt

in Dorpat,

seinem verehrten Lehrer

hochachtungsvoll

der Verfasser.

Einleitung.

Unter den zahlreichen Industriezweigen, die auf practische Verwerthung der chemischen Einwirkungen, die die Körper auf einander ausüben, basirt sind, dürfte sich keiner finden, dessen Gebiet, selbst wo es sich um die ersten Fragen handelt, so wenig durchforscht und bekannt wäre, als das Glashüttenwesen in seinen verschiedenen Zweigen. Dem sich auf diesem Gebiete orientiren wollenden Chemiker bietet die einschlagende Literatur sehr wenig Feststehendes, dagegen eine Fülle meist höchst mangelhaft motivirter, einander häufig widersprechender Behauptungen und Lehren; die Praxis einen überschwenglichen Reichthum an Recepten und Manipulations-Vorschriften, die aber ebenfalls jede Uebereinstimmung vermissen lassen, den Unerfahrenen daher verwirren, statt ihn zu belehren und da natürlich jede »die beste«, oft sogar »allein richtige« zu sein beansprucht, ihn in fast absoluter Rathlosigkeit im Labyrinthe ihrer gegenseitigen Widersprüche sich selbst überlassen.

Dem Neulinge in der Praxis geht es wo möglich noch schlimmer, urtheilslos schliesst er sich meist dem auf einer anderen Hütte Ueblichen, oder dem auf der bereits bestehenden Althergebrachten an. Wohin aber solch directer, kritikloser Anschluss führt, das beweisen im Handel sehr verbreitete Glassorten, wie z. B. manches unverantwortlich weiche Press- uud Schleifglas, rasch erblindende

1

Fensterscheiben, sich trübende Linsen in optischen Instru-
menten etc. zur Genüge.

Sehr geneigt fühlt man sich nun meist, die Schuld am
Fortbestehen solcher Unsicherheit einzig und allein der bekannten zünftigen Exclusivität der Hütten und ihrer Mei-
ster und Schmelzer, der verschlossenen, in ihrer Kunst
streng conservativen Nachkommen des »Gentilhomme verrier« zuzuschreiben; bei näherer Prüfung der Sachlage
mildert und ändert sich aber solches Urtheil, indem zu-
gegeben werden muss, dass von Seiten der Vertreter der
Chemie auch nur wenige Versuche gemacht worden, um
über die Constitution guten Glases zu klarer Erkenntniss
zu gelangen.

Bereits vor nahezu vier Jahrzehnten zog Dumas aus
den Ergebnissen zahlreicher Analysen den Schluss, manche
Glassorten des Handels näherten sich in ihrer Zusammen-
setzung, der durch die Formel $\left.\begin{smallmatrix}Na\\K\end{smallmatrix}\right\}$ O 3 Si O^2 + Ca O 3 Si O^2 [1])
ausgedrückten [2]), doch wurde diese Ansicht weder verallge-
meinert, noch widerlegt, die Frage blieb eine offene, ja
man findet in der letzten einschlagenden Arbeit Pelouze's
die Behauptung: »Die Formeln, die manche Chemiker ge-
wissen Glassorten des Handels gegeben haben, sind ganz
ohne Werth, und können die Gläser nur als einfache Gemenge verschiedener bestimmter Verbindungen betrachtet
werden«; [3]) eine Behauptung deren Begründung, wie sie
der Autor bietet, und die darin besteht, dass er beobach-
tet »dass die Kieselsäure sich in sehr wechselnden Ver-

---

[1]) Die hier und im Folgenden benutzten Aequivalentgewichte
sind: K — 39,2; Na — 23; Ca — 20; Mg = 12; Al — 13,7; Si = 14;
O = 8.

[2]) Dumas: »Recherches s. l. comp. des verres«. 1830. Ann. chim.-
phys. T. 44, p. 144.

[3]) Pelouze: »Ueber das Glas,« Erdmann's Journ. 1867. Bd. 101.
p. 449; nach Compt. rend. T. 64, p. 53.

hältnissen mit den Basen zu verbinden vermag, und dass
man in ein Glas die verschiedenartigsten Oxyde mischen
kann, ohne dass dadurch die Mischung nach dem Erkalten
ungleichförmig wird«, mir gar nichts zu beweisen scheint.
Soviel erhellt aus dem bisher Bekannten nur, dass es
auch heutigen Tages noch fraglich, ob sich eine Kieselsäure-
Kalk-Alkaliverbindung nachweisen lasse, die als Normalglas betrachtet werden könnte, und dass wir mithin noch
nicht wissen, was Glas im engeren Sinne ist, oder sein
soll. —
Eine Frage wie die nach der Normalconstitution des
Glases, kann aber nur vom Chemiker, nicht vom nur em-
pirisch erzogenen Schmelzer beantwortet werden, da, abgesehen davon, dass letzterem meist jede theoretische Erkenntniss abgeht, sich auch nur wenige Schmelzer (Com-
positeure) finden dürften, die unbefangen über den Werth
ihrer Erzeugnisse urtheilen.
Der Grund aber dafür, dass die Frage um die es sich
hier handelt, noch nicht beantwortet worden, scheint mir
darin zu suchen, dass sie nicht präcise gestellt worden. Aus
den einschlagenden Versuchen geht nämlich deutlich hervor, dass man eine Durchschnitts-Zusammensetzung zu finden bemüht gewesen, wo man einer Normal-
Zusammensetzung hätte nachspüren sollen.
Je mehr ich mich nun in das vorhandene Material so
wie in die Ergebnisse meiner eigenen directen Versuche
und Analysen hinein arbeitete, um so klarer trat es mir
vor Augen, dass, so vergeblich das Suchen nach einer Durchschnitts-Zusammensetzung der Gläser des Handels, so halt-
bar die Aufstellung einer Zusammensetzung, die unter den
bekannten Varianten des practischen Usus grösste Resistenzfähigkeit mit durch alle Sorten durchgehender Anwend-
barkeit, vereinte; und welche mithin, unbenommen der
etwa von der Zukunft zu erwartenden Fortschritte, als zur
Zeit »normal« hingestellt werden konnte.

1*

Ob die im Nachfolgenden niedergelegten Ergebnisse
als direct anwendbar bestehen bleiben könnten, ob sie hier
und dort, für specielle Fälle, modifizirt werden müssen,
oder ob sie als unhaltbar zu verwerfen sind, solches zu
entscheiden, muss ich dem gerechten Urtheile Sachverstän-
diger aus Wissenschaft und Praxis überlassen; wie aber
auch dies Urtheil falle, ich hielt es für geboten, der Industrie, der ich seit einigen Jahren als Director der Spie-
gelgusshütte bei Dorpat diene, durch Veröffentlichung vorliegender Studie zu nutzen, bestehe dieser Nutzen schlimm-
sten Falles auch nur darin, dass eine Frage von der
grössten Wichtigkeit nochmals zu eingehender Discussion
gebracht wird, und dadurch ihrer endlichen Lösung ent-
gegensehen kann, statt als unbeantwortbar bei Seite gelegt, todtgeschwiegen zu werden.

In Betreff der Anordnung des Nachfolgenden sei hier
noch bemerkt, dass Theil I die Ableitung der Normalformel
und die Prüfung ihrer Verhältnisse zu Gläsern bereits bekannter Zusammensetzung, Theil II die Zusammenstellung
meiner eigenen Analysen und Versuche, so wie die specielle
Betrachtung der einzelnen Glassorten des Handels, in Beziehung auf ihre Zusammensetzung enthält.

Freudig ergreife ich hier die Gelegenheit, meinem verehrten Lehrer Herrn Prof. Dr. C. Schmidt in Dorpat,
für das mir seit meiner Universitätszeit bewahrte warme
Interesse, sowie namentlich auch für manchen Rath und
Wink, und die liberalste Ueberlassung interessanter Proben, durch die er mich auch bei dieser Studie freundlichst unterstützt und angeregt, meinen aufrichtigsten Dank
in tiefgefühlter Hochachtung auszusprechen.

Theil I.

Behufs einer, manchem Leser vielleicht erwünschten
Orientirung über die bisher über die Zusammensetzung des
Glases geherrscht habenden, und noch herrschenden Ansichten, sei es gestattet, hier zunächst die mir bekannt
gewordenen Lehr- und Handbücher der Glasfabrication,
namentlich in Rücksicht auf das in denselben die Constitutionsfrage Berührende, in Kürze aufzuführen, auf das in
einzelnen Journalartikeln zerstreut vorhandene Material
später gelegentlich näher einzugehen.

Johannis Kunckelii: »Ars vitriaria experi-
mentalis« (Norinbergae 1743) ist hier in sofern von Interesse, als dem Verfasser, der für seine Zeit wohl orien-
tirt scheint, nicht bekannt, dass der Kalk eine wesentliche
Rolle in der Glascomposition spiele. Er sagt, pag. 200
des angeführten Werkes: »Glas ist ein zusammengesetzter
Körper aus Salz und Sand.«

Lemg, Dr. H., Vollständiges Handbuch der
Glasfabrication. (Weimar 1835.) Eine mit grossem
Fleisse ausgearbeitete, sehr brauchbare Zusammenstellung
des damals Bekannten. Von hieher gehörigem enthält
dieses Werk die zahlreichen Analysen von Dumas, Berthier
u. a. m., sowie einen ausführlichen Bericht über die von
Le Guay, Kirn und Scholz ausgeführten Schmelzversuche
mit Glaubersalz und Kochsalz, mit Hinweis auf die einzelnen Originalpublicationen; endlich des Verfassers eigene
Ansicht über die Constitution des Glases, die dahin lautet,
er könne der Dumas'schen Auffassung, dass die Glasorten

des Handels nach fest bestimmten Verhältnissen zusammengesetzt seien, nicht beipflichten. Letzterem entsprechen denn auch die zahlreichen Satzrecepte, in denen sich beispielshalber für Tafel- und Spiegelglas, auf 100 Theile Sand in runden Zahlen finden:

	Tafelglas.				Spiegelglas.		
	I.	II.	III.	IV.	I.	II.	III.
Kali....	31	33,5	—	— ...	—	36	—·
Natron .	—	—	60	25 ...	25	—	27
Kalk ...	11	12	4,5	10 ...	7	7	3,5

(Pottasche und Soda wurden als 90% kohlensaures Kali haltend berechnet).

Die vierte Auflage dieses Werkes (Weimar 1863) ist durch Dr. N. Graeger gänzlich umgearbeitet und vermehrt erschienen, und hat, wie der Bearbeiter in seinem Vorworte ankündigt, unter Anderm die chemische Constitution des Glases eine eingehendere Behandlung erfahren. Ich habe in dem betreffenden Abschnitte nur eine Vermehrung in Anführung bekannter Analysen, und die kühne Behauptung gefunden: »Für die besten Gläser hält man diejenigen, welche im Minimum Alkali und Kalk zu gleichen Aequivalenten und im Maximum auf 1 Acq. Kali 4 Aeq. Kalk enthalten.« Wo findet sich nun ein zu den »besten« zu zählendes Glas mit 4 Aeq. Kalk auf 1 Aeq. Alkali? Annäherndes kommt nach den bisherigen Erfahrungen, nur in »ordinärem« Flaschenglas mit hohem Eisen- und niederem Kieselsäuregehalte, von sehr fraglicher Güte vor, und hat auch Gräger kein neues Beispiel angeführt, welches seine Behauptung stützte.

Stein, W. Die Glasfabrication. (Braunschweig 1862). Wiederholt bespricht dieser Autor die Constitutionsfrage, deren Wichtigkeit er nachdrücklich hervorhebt, die er aber noch für unbeantwortbar hält. »Um Anhaltspunkte für die Praxis zu gewinnen, ist festzuhalten in welchem

Verhältnisse der Kalk zum Alkali und zur Kieselerde in
einem guten Glase vorhanden sein muss, oder sein darf.« —
Hierzu hält Stein directe Versuche auf den Hütten
selbst für unerlässlich. »Die vorhandenen Analysen verschiedener Glassorten lassen erkennen, dass auf 100 Theile
Kieselerde in runden Zahlen kommen:

			an Kali,	an Natron,	an Kalk.
im böhmischen	Krystall		21	—	10,5
»	»	Spiegelglase	36	—	14
»	»	Tafelglase	20	—	20
»	»	Weissglase	25	—	14
» französischen	Spiegelglase		—	24	5
»	»	Tafelglase		—	20	20
» englischen	Spiegelglase		—	16	7
»	»	Crownglase		—	36	20
» amerikanischen	Spiegelglase		12	10	16
» Flaschenglase			6	3	30

Die im weiteren Verlaufe des Werkes aufgeführten
Compositionen (Sätze) zeigen ähnliche Schwankung; ja
selbst innerhalb der einzelnen Sorten fehlt jede Gleichmässigkeit. —

In Anbetracht der bekannt gewordenen Analysen endlich, ist Stein der Ansicht, dass sich aus ihnen nichts er-
gebe, was practisch von Nutzen sein könne.

Peligot: Douze leçons sur l'art de la verrerie. (Abgedruckt in den Ann. du Conservatoire des arts
et metiers 1862). Diese Publication macht nicht Ansprüche
darauf, ein vollständiges Compendium zu sein, bietet aber
das Wesentliche in klarer Form. Von den bisher erwähn-
ten Werken unterscheidet dieses sich wesentlich dadurch,
dass der Verfasser hauptsächlich die neuere und neueste
Industrie im Auge hat, und den Leser nicht durch eine
Unmasse nach allen Richtungen divergirender Glassätze
verwirrt, statt ihn aufzuklären. Auch was Manipulationen,
Maschinen und Werkzeuge betrifft, finden sich in dieser

Abhandlung nur die wirklich gebräuchlichen, und zwar zur Zeit benutzten, während, was z. B. die Herstellung gegossenen Tafelglases betrifft, unter anderen Stein's »Glasfabrication« und der betreffende Artikel in Musspratt's Encyclopädie der technischen Chemie zum grössten Theil längst Veraltetes enthalten.

Die von Peligot mitgetheilten Analysen sind zum grössten Theile von ihm selbst an unseren Proben ausgeführte, und zeigen, wenn auch keine Uebereinstimmung, so doch grössere Annäherung in der Zusammensetzung innerhalb der verschiedenen Sorten. Für einige dieser Sorten, so z. B. für geblasenes Fensterglas, findet er wie bereits Dumas eine Annäherung an die Zusammensetzung $\left. \begin{smallmatrix} Na \\ K \end{smallmatrix} \right\}$ O 3 Si O_2 + Ca O 3 Si O_2.

— Die bereits von Berthier gemachte Bemerkung, dass Gläser mit grösstem Kieselsäure- und kleinstem Alkaligehalte den verschiedenen Anforderungen die man an Glas stelle, am besten entsprächen, [1]) bestätigt P., und findet man auch die folgenden, auch von Berthier l. c. gegebenen Angaben: »Ein Glas aus Kieselsäure und Alkali, hart und gut schmelzbar, würde wenig Festigkeit und Elastizität besitzen, zu welchen Eigenschaften die Gegenwart des Kalkes erforderlich ist. Das halbweisse Glas z. B. ist hart und fest, und steht besser im Feuer. Es ist das grosse Verhältniss von Kalk, dem es diese Eigenschaften verdankt«, nicht direct wieder, so werden sie doch durch die im Verlaufe der Vorlesungen angeführten Thatsachen wiederholt bestätigt.

In den beiden bisher erschienenen Publicationen P. Flamm's über die Glasfabrication: »Le verrier du XIX. siècle« (Paris 1863) und »Un chapitre sur la verrerie« (Paris 1866) sucht man nach Auskunft über eine

---

[1]) Berthier: »Ueber künstliche Silicate und Aluminate.« Erdmann's Journ. pract. Chem. 1835. Bd. 4, pag. 491.

als die beste anerkannte Zusammensetzung des Glases vergeblich. Gelegentlich bemerkt der Verfasser, dessen zuerst angeführtes Werk im Uebrigen manches Gute bietet, Glas welches 1 Theil Alkali auf 4 Theile Kieselsäure enthalte, sei das beste, eine Behauptung die indess von gar keinem Werthe, da der Kalkgehalt keine Berücksichtigung gefunden hat. —

D. Mendeleef's in russischer Sprache erschienenes Handbuch der Glasfabrication (St. Petersburg 1864) ist nur eine Compilation und grösstentheils wörtliche Uebersetzung der eben angeführten Werke Stein's und Peligot's.

Eine sehr dankenswerthe Arbeit besitzt die Glasliteratur in einem Werke Dr. O. Schür's: »Die Praxis der Hohlglasfabrication« (Berlin 1867). Für die hier in Rede stehende Constitutionsfrage bietet dieses Werk leider nichts Brauchbares, da alles Feinglas, das Schür geschmolzen, Bleiglas ist; vom grössten Interesse aber ist es für den Gewerbtreibenden, indem es die vor und bei Anlage, so wie während des Betriebes seiner Hütte gesammelten Erfahrungen des Verfassers, gewissenhaft aufgezeichnet, dem Leser darbietet.

Von hieher gehörigen Artikeln in technischen Encyclopädieen, seien der, wenn auch in mancher Hinsicht veraltete, doch sehr lesenswerthe Abschnitt in Dumas »Chimie technique,« in dem meines Wissens zuerst direct die Wichtigkeit des Kalks in der Glascomposition hervorgehoben wird; und der Artikel »Glas« in Musspratt-Stohmann's Encyclopädie der technischen Chemie angeführt, welcher letztere sich namentlich durch eine Zusammenstellung zahlreicher Glasanalysen auszeichnet, aus dem man aber auch nicht mehr erfährt, als dass Glas ein Silicat verschiedener Basen, unter denen eine der Alkaligruppe angehört, in grossem Wechsel unterworfenen Verhältnissen sei.

Das Vorstehende dürfte den Stand der Constitutionsfrage characterisiren, indem, wie oben erwähnt, mehrere der angeführten Autoren die Journalliteratur fleissig be-nutzt und das in letzterer Gebotene, direct oder indirect, in ihre Publicationen aufgenommen haben. — Man sieht hier und dort doch das Streben auftauchen, eine Durchschnitts-Zusammensetzung für einzelne Sorten zu finden, das aber, da die Güte der zum Vergleiche benutzten Proben nicht gehörig beachtet wurde, an den enormen Abweichungen, wie sich solche in der Praxis mancher Hütten eingebür-gert, scheitern musste.

Hiermit sei es nun gestattet zunächst zur speciellen Untersuchung der Constitutionsfrage, dann zur Betrachtung der Abweichungen von dem als normal Erkannten, über-zugehen.

Wenn Stein, der von allen bisherigen Autoren auf diesem Gebiete der einzige gewesen, der die Wichtigkeit der Constitutionsfrage wiederholt hervorgehoben, und sich ernstlich um ihre Lösung bemüht hat, pag. 11 seiner »Glas-fabrication« sagt: »Aus den von Dumas mitgetheilten Ana-lysen lässt sich nur schliessen, dass in den besten Glä-sern Kalk und Alkali zu gleichen Atomen im Maximum, und im Minimum 1 Atom Kalk auf 5 Atome Alkali vor-handen ist. Das Verhältniss des Kalks zur Kieselerde scheint in der Praxis 1 Gewichtstheil Kalk auf 5 im Mi-nimum, und auf 22 Gewichtstheile Kieselerde im Maximum zu sein,« so stimmt wohl ein Jeder darin mit ihm über-ein, dass diese Verhältnisse so weit auseinander liegen, dass unmöglich eine Regel aus ihnen abgeleitet werden kann. Dass Gläser, deren Zusammensetzung innerhalb die-ser Grenzen liegt, ja sogar über dieselben hinaus geht, im Handel unter den verschiedensten Bezeichnungen vorkommen, ist nun zwar von Dumas und Anderen, vor und nach ihm erwiesen worden, dass diese aber »alle« zu den »besten« zu zählen seien, scheint schon an und für sich unwahrscheinlich, da man a priori anzunehmen gezwungen, dass so enorme Wechsel in der Zusammensetzung unmöglich ohne Einfluss auf das Produkt bleiben können. Zum Ueberflusse liegt aber auch schon der schlagende Beweis vor. Vogel und Reischauer analysirten ein Spiegelglas unbekannter Herkunft, das äusserst hygroscopisch war und nicht erblindete, und fanden dessen Zusammensetzung[1]):

Kieselsäure	65,16
Kali	22,31
Natron	2,47
Kalk	4,69
Thonerde und Eisenoxyd	3,39
Summa	98,02

Hier sind auf 1 Aequiv. Kalk 3,3 Aeq. Alkali, und auf 1 Gewichtstheil Kalk 13,9 Gewichtstheile Kieselsäure vorhanden; es liegt die Zusammensetzung dieses Glases mithin innerhalb der Stein'schen Grenzen, ist aber nicht mustergültig, sondern sogar verwerflich.

Ein Aehnliches zeigt sich bei manchen französischen und den englischen Spiegelgläsern, worüber später mehr.

Da nun die Producte des Handels so grosse Abweichungen in Betreff ihrer Zusammensetzung zeigen, über die Preiswürdigkeit der analysirten Proben aber nur hin und wieder Angaben vorliegen, hielt ich mich, wollte ich über eine etwa existirende Normalconstitution ins Reine kommen, sowohl für berechtigt als für verpflichtet, eine Auswahl unter dem disponiblen Material zu treffen, um dann durch Vergleichung der Zusammensetzung anerkannt guter Gläser, einen Einblick zu erlangen. Nachstehende Betrachtungen waren bei der Auswahl bestimmend.

---

[1]) Vogel et Reischauer: Dingler's Journ. 1859. Bd. 152, pag. 181.

Das Glas, als Handelsartikel der Concurrenz wie jeder andere unterworfen, wird durch dieselbe, was seinen Werth betrifft, einerseits gehoben, andererseits durch den Druck auf die Preise herabgesetzt; es unterscheidet sich indessen von dem grössten Theile der übrigen Erzeugnisse chemischer Technik dadurch, dass bei letzteren der Consument entweder einen, den Werth derselben normirenden höheren oder geringeren Procentgehalt wirksamer Bestandtheile zu schätzen vermag, schätzt und bezahlt, oder durch bekannte physikalische Eigenschaften (z. B. beim Eisen) auf die Anwesenheit ihrer Wirkung nach als schädlich bekannten Bestandtheile aufmerksam gemacht wird, mithin einen practischen Maassstab für die Güte des zu Erstehenden in Händen hat, während die Ansprüche die an gutes Glas gestellt werden können, dem Publikum sowohl, als auch den Hütten, nur in ihren allgemeinsten Umrissen bekannt sind, und daher der Fabrikant selbst in manchen Fällen nicht weiss, wie er dem Object, dieser oder jener Rüge abzuhelfen im Stande sei. Hiezu kommt, dass die Ansprüche an halbweisses und grünes Glas überhaupt sehr mässige sind und da nun solchen Anforderungen nicht gedient ist, so entstehen Hütten für niedere Glassorten — ordinäres Hohl- und Tafelglas — in Menge; oft nur angelegt. um billiges Brennmaterial bei Mangel an Communications-Mitteln möglichst vortheilhaft zu verwerthen; fristen eine Zeitlang ein kümmerliches Dasein und verschwinden dann, wie sie entstanden. Alle solche Etablissements werfen ihre Erzeugnisse auf den Markt, und finden auch Käufer. Es hat zwar nie Jemand die Zusammensetzung der verwandten Rohmaterialien gekannt, es gerieth daher das Product auch heute so, morgen anders, hin und wieder selbst gar nicht, wurde aber gelegentlich mit anderen guten Gläsern zusammen analysirt, nur bei auffallend misslungenen Proben eine tadelnde Bemerkung über die Composition gemacht, und die Ergebnisse der Analysen solcher

Glassorten von höchst fragiicher Güte, stehen nun, gewissenhaft gebucht, neben denen guter Producte, letztere an Zahl weit überwiegend und durch ihre Menge erdrükkend. Handelte es sich darum, Vergleichungsobjecte für unseren Zweck zu gewinnen und nicht darum, die möglichen Zusammensetzungen schmelzbarer künstlicher Silicate complicirter Constitution aufzufinden, so mussten alle Producte die nicht als gut allgemeine Anerkennung gefunden, ausgeschlossen bleiben, und ich concentrirte meine Aufmerksamkeit daher zunächst auf aus grossen berühmten Hütten hervorgegangeno Gläser. Aber auch bei solcher Beschränkung hatte es den Anschein, als sei es nicht möglich, aus fortdauernden Gegensätzen herauszukommen. Das Spiegelglas von Münsterbusch (Stolberg bei Aachen), dasjenige anderer Fabriken der Gesellschaft von St. Gobin und der grossen englischen Giessereien, dann wieder das Fensterglas der sich des besten Rufes erfreuenden Chance'-schen Hütten bei Birmingham, zeigten z. B. durchaus verschiedene Zusammensetzungen. Beispielshalber folge hier eine Zusammensetzungs-Uebersicht der betreffenden Gläser, in der ich der Uebersichtlichkeit wegen die von Mayer und Brazier gefundenen Kaliquantitäten, in ihrem Aequiv. an Natron, dem gefundenen Natron zugefügt.

	SiO_2	Na_2O	CaO	$Al_2O_3 + Fe_2O_3$
1. Spiegelglas von Münsterbusch	72,31	11,42	14,96	0,81
2. Fensterglas von Chance Br. et Comp.	71,10	15,00	12,40	0,60
3. Spiegelglas von St. Gobin	72,00	17,00	6,40	4,50
4. » französisches	73,35	15,53	5,60	3,50
5. » von St. Hellens	77,36	15,04	5,31	0,91
6. » der London Thams Pl. Gel.	78,63	12,54	6,09	2,68
7. » d. London et Manchester Pl.Gl.Cmp.	77,90	13,06	4,85	3,59

14

Nr. 1 analysirt von Jaeckel: Dingler's Journ. 1861, Bd. 161,
        pag. 110.
Nr. 2 » » Cowper: Musspratt's techn. Chem. Bd. II,
        pag. 1290.
Nr. 3 » » Berthier: Ann. d. chim. phys. 1830, T. 44,
        pag. 433.
Nr. 4 » » Dumas: Ann. chim. phys. 1830, T. 44,
        pag. 144.
Nr. 5, 6, 7 » » Mayer et Brazier: Dingler's Journ. 1849,
        Bd. 114, pag. 276.

Wollte man sich nach der auf der überwiegenden Anzahl der Hütten gebräuchlichen Zusammensetzung richten,
so ergäbe sich, dass ein Kalkgehalt von über 5—6% ab-
norm wäre, doch wird durch die Minorität hier das Richtige vertreten. Gerade die hier angezogenen Glassorten
sind diejenigen, bei denen man, ihrer Verwendung entsprechend, mit Recht grösstmöglichste Resistenz gegen Feuch-
tigkeit und andere chemische Agentien beansprucht, bei
denen man das »Blindwerden« am meisten scheut.
    Nun hat aber Pelouze den directen Nachweis dafür
geliefert, dass Gläser mit geringem Kalkgehalte, der Zersetzung, z. B. durch Wasser, viel weniger zu widerstehen
vermögen als solche mit hohem; und ist somit einleuch-
tend, dass letztere, caeteris paribus, den Vorzug verdienen.
    Bei wiederholtem Auskochen mit Wasser zweier Pro-
ben gepulverten Glases, deren erste die Zusammensetzung

       Kieselsäure 72,1
       Natron 12,4
       Kalk 15,5
                  100,0
die andere die Zusammensetzung:
       Kieselsäure 77,3
       Natron 16,3
       Kalk 6,4
                  100,0

zeigte, wurden von der ersten 10%, von der anderen 32%
zersetzt[1]).
Da diese Mittheilung von grösstem Interesse, habe ich
einen analogen Versuch angestellt, der ähnliche Resultate
lieferte. (Das Detail desselben s. Theil II vorliegender
Studie.)

Ueber den Einfluss, den eine solche leichtere Verwit-
terbarkeit auf den Werth des betreffenden Glases ausübt,
kann kein Zweifel obwalten, und ist in dieser Beziehung
eine gelegentliche Bemerkung Peligot's von Interesse. »Die
Gläser welche behufs ihrer Verwendung zu optischen In-
strumenten dargestellt werden, und insbesondere Durch-
sichtigkeit und Reinheit besitzen müssen, enthalten häufig
eine zu grosse Portion Alkali, die sie hygroscopisch macht,
und sie nach längerer Zeit erblinden lässt. Crownglaslin-
sen, die aufeinander geschliffen worden, kitten sich bis-
weilen sehr fest aneinander; das kieselsaure Alkali zieht
Wasser an, und bedingt alsdann die starke Adhaesion. Das
gegossene Spiegelglas ist lange nicht durchgängig frei von
diesem Fehler; gegen Ende der vierziger Jahre unseres
Jahrhunderts fand man im Handel häufig Spiegelglas, das
sich mit nadelförmigen Krystallen von kohlensaurem Natron bedeckte. Die Gläser »schwitzten.« Denselben Fehler zeigten die englischen Spiegelgläser auf der londoner Ausstellung von 1851 alle in sehr auffallender
Weise, obschon sie häufig abgewischt wurden. Auch heute
noch findet man selten ein Spiegelglas, das, an einem
feuchten Orte aufgestellt, Lackmusspapier, welches feucht
über seine Oberfläche gezogen wird, nicht bläute«[2]).
Auch die Zusammensetzung des Verwitterungsproduc-
tes des Glases, wie sich ein solches in Form kleiner Schup-

---

[1]) Pelouze: »L'action de l'eau sur le verre.« Compt. rend. 1856.
T. 43, pag. 117.·
[2]) Peligot: XII leçons. Ann. d. Conserv. 1862. T. 2, pag. 455.

pen häufig von der Oberfläche zersetzter Fensterscheiben
ablösen lässt, so wie in analoger Weise und durch Ver-
witterung gebildete Thone weisen daraut hin, dass man den
Gehalt an kieselsauren Alkali, als an dem der Zersetzung
am leichtesten unterworfenen Glasbestandtheil auf das
Minimum zu reduciren habe. Zwei parallele Analysen
Hausmann's, die er an einem oberflächlich verwitterten an-
tiken Glase ausführte, seien hier als Beleg angeführt. Er
fand [1]):

	Si O₂	Al₂ O₃	CaO	MgO	FeO	Na₂O	KO	HO
im unzersetzten Glase	59,2	5,6	7,0	1,0	2,5	21,7	3,0	—
iu der zersetzten Rinde	48,8	3,4	11,3	6,8	11,3	—	—	19,3

Das Angeführte scheint mir jedenfalls genügend um
die oben angeführten kalkarmen Gläser als nicht gute
zu characterisiren, in Folge dessen sie zunächst ausgeschlossen werden mussten. Dann aber bleiben zur anfäng-
lichen Vergleichung nur die ihrer Zeit in höchstem An-
sehen gestanden habenden und noch heutigen Tages hoch-
geschätzten Producte venetianischen Kunstfleisses, Gläser
der besten böhmischen Hütten, das gegossene Spiegelglas
von Münsterbusch, und das geblasene Fensterglas von Ge-
brüder Chance et Comp. bei Birmingham übrig, und bei
Vergleichuug dieser Objecte zeigt sich, dass in der Zusammensetzung guter Producte, ungeachtet dieselben den
verschiedensten Handelssorten angehören, so wie verschiedenen Ländern und Zeiten entstammen, grosse, ja über-
raschende Analogien zu finden sind, ja, dass dieselben auf
eine allen gemeinsame Grundzusammensetzung hindeuten.
— Mag nun immerhin eine solche Aehnlichkeit in der Zu-
sammeusetzung in gewisser Beziehung zu der historischen
Stellung Venedg's zur Glasindustrie stehen, so muss doch

---

[1]) Hausmann: Jahresbericht über d. Fortschr. d. Chemie und
verwandt. Wissensch. 1856, pag. 355, nach »Nachrichten v. d. Univ.
und Gesellsch. d. Wissensch. zu Göttingen,« 1856, Nr. 5, pag. 114.

eingestanden werden, dass die Abweichungen von der empirischen Errungenschaft der alten Zunft, wie sich die neuere Industrie solche erlaubt, nicht als Verbesserungen angesehen werden können, und dass den heutigen Hütten die venetianische Composition, mutatis mutandis, immer noch als Muster dienen kann.

In nachstehender Uebersicht sind Analysen je einer Probe venetianischen, böhmischen, St. Gobin'schen (Münsterbusch) und Chance'schen Glases zusammengesetzt. Wo die alkalische Base Kali war, ist des leichteren Vergleiches wegen in der Colonne »NaO« das Aequivalent des gefundenen Kali's an Natron in Klammern beigefügt.

	SiO₂	KO	NaO	CaO	Al₂O₃+Fe₂O₃
1. Venetian. Spiegelglas	68,60	6,90	8,10	13,90	1,50
			(4,6)		
2. Böhmischer Becher. .	69,40	11,80	(7,8)	9,20	9,60
3. Spiegelglas von Münsterbusch	72,31	—	11,42	14,96	0,81
4. Fensterglas von Gebr. Chance	71,10	—	15,00	12,40	0,60

Nr. 1 analysirt von Berthier, Ann. chim. phys. 1830. T. 44, p. 433.

Nr. 2 analysirt von Dumas, Ann. chim. phys. T. 44, p. 145. Nr. 3 und 4 siehe oben.

Handelt es sich nun darum, eine bestimmte chemische Zusammensetzung nachzuweisen, die zu den eben angeführten Gläsern in dem Verhältnisse des Normalen zu den naturgemässen Abweichungen, wie solche bei fabrikmässig hergestellten Producten stets vorkommen, stehe, so bliebe die Wahl zwischen der von Dumas gegebenen Näherungsformel

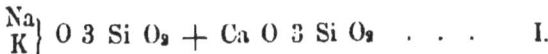

$${Na \brace K} O \, 3 \, Si \, O_2 + Ca \, O \, 3 \, Si \, O_2 \quad . \quad . \quad . \quad I.$$

und den kalkreicheren:

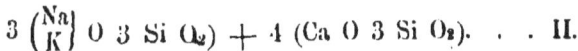

$$3 \left({Na \brace K} O \, 3 \, Si \, O_2\right) + 4 \, (Ca \, O \, 3 \, Si \, O_2). \, . \, . \, II.$$

2

$$5 \begin{Bmatrix} Na \\ K \end{Bmatrix} O \, 3 \, Si \, O_2) + 7 \, (Ca \, O \, 3 \, Si \, O_2) \quad . \, . \, III.$$

$$2 \begin{Bmatrix} Na \\ K \end{Bmatrix} O \, 3 \, Si \, O_2) + 3 \, (Ca \, O \, 3 \, Si \, O_2) \quad . \, . \, IV.$$

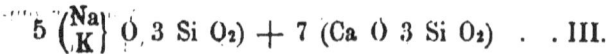

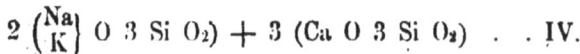

Das Verhältniss von Natron zu Kalk wäre in diesen Verbindungen:

$$\frac{Na \, O}{Ca \, O} = \frac{1}{0,903} \quad . \, . \qquad I.$$

$$\frac{3 \, Na \, O}{4 \, Ca \, O} = \frac{1}{1,204} \quad . \, . \, . \, . \qquad II.$$

$$\frac{5 \, Na \, O}{7 \, Ca \, O} = \frac{1}{1,265} \quad . \, . \qquad . \, III.$$

$$\frac{2 \, Na \, O}{3 \, Ca \, O} = \frac{1}{1,365} \quad . \, . \, . \, . \, . \qquad IV.$$

In den eben angeführten 4 Proben zeigen sich die Verhältnisse:

$$Nr. \, 1. \, \frac{Natron}{Kalk} = \frac{1}{1,109}$$

$$Nr. \, 2. \, \frac{Natron}{Kalk} = \frac{1}{1,179}$$

$$Nr. \, 3. \, \frac{Natron}{Kalk} = \frac{1}{1,309}$$

$$Nr. \, 4. \, \frac{Natron}{Kalk} = \frac{1}{0,827}$$

Das Durchschnittsverhältniss dieser Proben: $\frac{Natron}{Kalk} = \frac{1}{1,106}$ zeigt grösseren Kalkgehalt als die Verbindung I, und beschränkt sich unsere Wahlfreiheit hiedurch auf die Verbindungen II, III oder IV innerhalb deren Grenzen auch die Durchschnitts-Zusammensetzung des Münsterbusch'schen Spiegelglases, mit dem Verhältnisse $\frac{Natron}{Kalk} = \frac{1}{1,213}$ (s. Thl. II, Tab. II, Nr. 5) liegt. Welches derselben man als Ziel nimmt, dürfte in Beziehung auf den practischen Werth des dargestellten Productes ziemlich gleichgültig sein, mich bewog zur Wahl der Formel III als »normaler« wieder der Usus der Praxis in der, bei der sich stets mehr verbrei-

tenden Anwendung des Glaubersalzes, auch zu hohen Glassorten, ein Satz mit gleichen Glaubersalz- und Kalkstein-
mengen fast allgemein üblich. Unter Voraussetzung che-
mischreiner Materialien würde dieser Satz ein Glas geben,
in dem $\frac{\text{Natron}}{\text{Kalk}} = \frac{53}{71} = \frac{1}{1,337}$ welches dem der Formel IV sehr
nahe käme, in Praxis dürfte aber das Glas natronreicher
werden, indem das Glaubersalz des Handels nie frei von
Kochsalz ist, das unter Zusatz von Kalkmilch raffinirte
sogar häufig mehrere Procent Natronhydrat enthält. Die
Formel II wurde ungeachtet dessen dass sie einfacher, nicht
gewählt, da ich das practische Maximum an Kalk festzuhalten für erforderlich hielt Es wurden hier Trisilicat-
formeln als selbstverständlich aufgeführt, indem nach den
vorliegenden Proben nicht wohl ein anderes Silicat als
normal angenommen werden konnte, wie solches sich auch
im Folgenden zeigen wird, und wäre somit der Ausdruck:

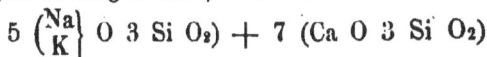

$$5 \left\{{Na \atop K}\right\} \text{O 3 Si O}_2) + 7 \text{ (Ca O 3 Si O}_2)$$

die dem »Normalglase« zu ertheilende chemische Formel; doch sei es gestattet, denselben im Folgenden seinem
Verhältniss zu den Schwankungen der Praxis nach zu be-
trachten, ihn auf dieselben anzuwenden.

In der Absicht, einen übersichtlicheren zur Vergleichung geeigneteren Ausdruck für die grossem Wechsel
unterworfene Zusammensetzung der Gläser des Handels
zu gewinnen, wurden die directen Ergebnisse der Analysen
mit Zugrundelegung der gewonnenen Normalglasformel in
folgender Weise umgerechnet.

Die bei der Analyse gefundene Thonerde nebst dem,
in rohen Glassorten nur in geringen Quantitäten vorkommenden, meist mit ersterer gemeinsam bestimmten Eisenoxyd, wurde, unter der Annahme sie sei direct in Form
von Thon, aus dem Hafen oder dem Sande stammend, in
das Glas gekommen und in demselben einfach gelöst, als
mit Kieselsäure zu Thon ($Al_2 O_3 2 Si O_2$) verbunden, in

2*

Rechnung gebracht. Kali resp. Natron, Kalk- und Kieselsäure, soweit sie in der Normal-Zusammensetzung relativ
genügenden Quantitäten vorfanden, wurden in summa als
»Normalglas« aufgeführt, und die dann sich ergebenden
Reste an Alkalien oder Kalk, soweit die Kieselsäure zu-
reichte, mit letzterer zu Trisilicat verbunden, wenn keine
überschüssige Säure vorhanden war, als im »freien« Zu-
stande gelöst, angegeben. War mehr Kieselsäure vorhan-
handen, als zur Sättigung der Basen in Form von Trisili-
caten erforderlich, so wurde der Ueberschuss als gelöste
»freie« Säure in Rechnung gebracht.

Nachstehend ist als Beispiel für das von Jäckel untersuchte Spiegelglas von Münsterbusch, das directe
Ergebniss der Analyse, und der neue Ausdruck dieses Er-
gebnisses, den ich mir, der Kürze wegen als »practische
Formel« zu bezeichnen erlaube, neben einander gestellt.

Si O$_2$ 72,31 0,81% Al$_2$ O$_3$ + 0,95% Si O$_2$ — 1,76% Thon.
Na O 11,42 $\left.\begin{matrix}10,84\% \text{ Na O} \\ 12,05\% \text{ Ca O}\end{matrix}\right\}$ + 71,36% Si O$_2$ = 94,55% Normalgl.
Ca O 14,96   1,15% Natron.
Al$_2$ O$_3$ + Fe$_2$ O$_3$ 0,81   2,01% Kalk.
Summa 99,50   Summa 99,50

In derselben Weise berechnet, erhält das oben als Re-
präsentant venetianischen Glases aufgeführte, von
Berthier untersuchte Spiegelglas, von schwachgelblicher
Färbung den Ausdruck:

Normalglas 91,39
Thon 2,60
Natron 3,01
Kalk 1,25
Summa 98,25

Ein anderes venetianisches Glas, dessen Analyse Stein
(Glasfabrication pag. 22) mittheilt zeigte folgende Zusammensetzung:

Si O² . . 72,46
K O . . . 7,24   Normalglas . . . 87,46
NaO .   8,70 $=$ kieselsaur. Natron . . 11,19
CaO . . . 11,64   Natron 1,39
   Summa 100,04   Summa 100,04

Ist dieses nun auch eine Annäherung an die Zusammensetzung: $_K^{Na}$) O 3 Si O₂ + Ca O 3 Si O₂ wie sie grösser in Praxis kaum vorkommen dürfte indem das Glas aufgefasst werden könnte als:

$_K^{Na}$) O 3 Si O₂ + Ca O 3 Si O₂ 98,68
       Natron . 0,99
       Kalk 0,37
       Summa 100,04

so darf eine derartige Abweichung, wenn die Möglichkeit nachgewiesen ist, ein eben so gutes, kalkreicheres Product zu liefern, einen nicht beirren, zumal wenn man bedenkt, dass man es mit Glas aus alter Zeit zu thun hat, und dass es noch heutigen Tages allgemeiner Brauch, wenn der Ofen die zur Läuterung des Glases erforderliche Temperatur nicht ergeben will, den Satz durch Erhöhung des Alkali — resp. Erniedrigung des Kalkgehaltes, weicher zu stimmen, leichtflüssiger zu machen. (Siehe auch »Fensterglas von J. J. Gerard, Theil II, vorliegender Studie.) — Das von Dumas untersuchte böhmische Glas der letzten Vergleichungstabelle, ein wasserheller Krystallbecher, zeigt, in obiger Weise berechnet, folgende Zusammensetzung:

     Normalglas 70,70
     Kieselsaures Kali 2,33
     Kieselsäure 6,16
     Thon 20,81
       Summa 100,00

Berechnet man die Zusammensetzung dieses Glases nach Abzug des Thons in obiger Weise, so ergibt sich:

Normalglas	. . . . .	39,28
Kieselsaures Kali	. . .	2,94
Kieselsäure	. . . . . .	7,78

Summa 100,00

Als Belege für die in Böhmen vorkommenden Schwankungen in der Zusammensetzung mögen die in der folgenden Uebersicht zusammengestellten Analysen dortiger Producte dienen:

	1.	2.	3.	4.	5.	6.
Kieselsäure	69,40	73,13	71,70	76,0	67,7	71,6
Kali	11,80	11,49	12,70	15,0	21,0	11,0
Natron	—	3,07	2,50	—	—	—
Kalk	9,20	10,43	10,30	8,0	9,9	10,0
Magnesia	—	0,26	—	—	—	2,3
Thonerde+Eisenoxyd	9,60	0,89	0,90	1,0	1,4	6,3

(Auch hier wurde, wo Natron nachgewiesen worden, die diesem aequivalente Menge Kali dem direct gefundenen, behufs Berechnung des Verhältnisses Kalk : Kali hinzugefügt. Dasselbe gilt natürlich für Kalk und Magnesia.)
1. Böhmisches Glas anal. v. Dumas l. c. 2. Schwerschmelzbare Röhre (Verbrennungsröhre) anal. v. Kowney, Liebig's Annal. 1847, Bd. 62, pag. 83. 3. Trinkglas von Neufeld i. B. anal. v. Berthier, Ann. chim. phys. 1830, T. 44, p. 433. 4. und 5. böhmisches Spiegelglas aus dem Jahre 1837, anal. v. Péligot, Compt. rend. 1846, T. 22, p. 547. 6. Trinkglas von Neufeld i. B. anal. v. Gras, Liebig's Ann. 1847, Bd. 62, pag. 84.

Für die Zusammensetzung 5 (K O 3 Si O$_2$) + 7 (Ca O 3 Si O$_2$) ist das Gewichtsverhältniss $\frac{Kalk}{Kali} = \frac{1}{1,204}$ und für K O 3 Si O$_2$ + Ca O 3 Si O$_2$ $\frac{Kalk}{Kali} = \frac{1}{1,636}$, mithin enthalten von den 6 Proben eine weniger als 5 Aeq. Kali auf 7 Aeq. Kalk und 2 mehr als 1 Aeq. Kali auf 1 Aeq. Kalk, das Durchschnittsverhältniss in obigen Proben ist $\frac{Kalk}{Kali} = \frac{1}{1,531}$ und liegt mithin zwischen denen beider Formeln und bestätigt dieses nach den früher mitgetheilten Annahmen die Berechtigung

der kalkreicheren Formel als Ausdruck für die Normal-
zusammensetzung.

Betrachtet man in bisher angewandter Weise noch
schliesslich das geblasene Fensterglas von Chance, so stellt
sich nach der Cowper'schen Analyse die Zusammensetzung
wie folgt:

Normalglas 90,53
Kieselsaures Natron . . . 3,09
Natron 4,48
Thon 1,30
Summa 99,40

Fasst man das in Betreff der Musterproben Gefundene
hier nochmals zusammen, so ergab sich:

I. Dass bei allen durchgehend ein relativ hoher Kalkgehalt sich zeigte, indem das Verhältniss von Kalk zu Kali
resp. Natron zwischen den Grenzen lag, die sich für gleiche
Aequivalente beider Basen einerseits und 3 Aeq. Kalk auf
2 Natron resp. Kali andererseits ergeben.

II. Dass, da einmal, wenn bei äusserlich gleichem Verhalten zweier Proben, die eine kalkreicher als die andere
sich zeigt, die erstere sowohl der Resistenzfähigkeit als
auch der Gestehungskost wegen vorzuziehen ist, die Annahme der Zusammensetzung 5 ($\frac{Na}{K}$) O 3 Si O$_2$) $+$ 7 (Ca O
3 Si O$_2$) für das Normalglas berechtigt erscheint.

III. Dass bei Annahme der durch diese Formel ausgedrückten Zusammensetzung als normaler, die betrachteten Gläser und ihre Analoga als gute erscheinen, indem sie
87,5 bis 94,5 % Normalgehalt enthalten, und mit Ausnahme
des von Dumas untersuchten Bechers deutlich erkennen
lassen, dass die Abweichungen nur bezweckten das Glas
leichter schmelzbar, weicher, zu machen.

Bereits früher wurde erwähnt, dass neben Gläsern von einer der normalen nahekommenden Zusammensetzung, und sogar in überwiegender Anzahl, andere im Handel vorkommen, deren niedriger Kalkgehalt sie characterisirt. Ist nun auch bereits nachgewiesen, dass man solche Gläser nicht als gute bezeichnen könne, so scheint mir doch in Rücksicht auf die grosse Masse derselben, so wie durch den Umstand, dass selbst bedeutende Etablissements auf diesen Abweg gerathen und ihn consequent verfolgen, ein näheres Eingehen auf letzteren, und eine Betrachtung der Veranlassung zu solchem Handeln geboten.

Im Nachstehenden wurden die Ergebnisse von Analysen hierher gehöriger Gläser aus französischen und englischen Hütten, wo dieselben namentlich heimisch zu sein scheinen, zusammengestellt:

	1.	2.	3.	4.	5.	6.	7.
Kieselsäure.	69,2	68,5	77,3	72,0	77,90	77,36	75,9
Kali . . .	15,8	—	—	—	1,72	3,01	—
Natron . .	3,0	13,7	16,3	17,0	12,35	13,06	17,5
Kalk . . .	7,6	7,8	6,4	6,4	4,85	5,31	3,8
Magnesia .	2,0	—	—	—	—	—	—
Thonerde u.							
Eisenoxyd	3,7	10,0	Spur	4,5	3,59	0,91	2,8
Natron :							
Kalk = 1 :	0,716	0,570	0,390	0,377	0,360	0,352	0,217

1. Französische Glasröhre, anal. von Berthier: Ann. chim. phys. 1830. T. 44, p. 433. 2. Französ. Fensterglas. Dumas: Ann. chim. phys. 1830, T. 44, p. 144. 3. Franz. Weisshohlglas, Pelouze: Compt. rend. 1856. T. 44, p. 117. 4. Franz. Spiegelglas, Berthier: l. c. 5 und 6. Englisches Spiegelglas, Mayer et Brazier, l. c. 7. Franz. Spiegelglas, Dumas: Ann. chim. phys. 1830, T. 44, p. 144.

Wie bereits oben angeführt ist das Verhältniss $\frac{\text{Natron}}{\text{Kalk}}$ bei gleichen Aequivalenten beider Oxyde $= \frac{1}{0,908}$. Nr. 1 bis 6 enthalten mithin 1,1 bis 2,6 Aequivalente Natron, Nr. 7

sogar 4,4 Acq. Natron auf 1 Acq. Kalk, und bildet letzteres somit in dieser Beziehung den Uebergang zum Wasserglas.

Fragt man sich nun, wie das Gewerbe auf solchen Abweg gekommen, da doch die Vorältern der französischen Hütten, die venetianischen und böhmischen, ihn nicht betreten, so liegen allerdings verschiedene Möglichkeiten vor; eine solche hier in's Auge zu fassen sei gestattet; da sie meiner Ansicht nach grosse Wahrscheinlichkeit für sich hat und gelegentlich die Erklärung für einige Behauptungen vieler Schmelzer zu bieten im Stande ist.

Der hohe Preis der ursprünglich allgemein gebräuchlichen Pottasche hatte schon frühe die Producenten von Glaswaaren niederer Sorten veranlasst, namentlich im westlichen Europa, an Stelle derselben die natürliche Soda -- Barilla und verwandte Sorten — in ihre Gemenge aufzunehmen und die tägliche Erfahrung musste sie lehren, dass, wollten sie ein Glas gewinnen, das sich gut läutern liess, verhältnissmässig hohe Barillamengen zum Satze verwandt werden mussten. Als nun die aus Glaubersalz gewonnene künstliche Soda aufkam, und die natürliche mehr und mehr verdrängte, sahen sich auch die Glashütten veranlasst, dieselbe in ihr Gemenge einzuführen. Wie ihnen aber früher ihre Composition ihrer wahren Zusammensetzung nach unbekannt gewesen und geblieben, gab es nun auch dem neuen Schmelzmittel gegenüber keinen andern Rath, als es in dem für die Barilla gebräuchlichen Satzverhältnisse mit Sand und Kalk zu mengen, und versuchsweise zu schmelzen. Der Erfolg war ein scheinbar guter, Schmelze und Läuterung gingen leicht und gut von Statten, und so liess man sich dann nicht weiter auf »unnütze« Versuche ein, und blieb dem conservativen Naturell des Glasmachers getreu, »beim Alten«.

Prüft man die Annehmbarkeit der Hypothese mit Hülfe der Rechnung an einem Beispiele und wählt hiezu die von

Pelouze untersuchte Probe Nr. 3 der letzten Tabelle so ergab die Analyse derselben:

Kieselsäure 77,3
Natron 16,3
Kalk . . . . ; . . 6,4
Summa 100,0

Denkt man sich dieses Glas ohne Alkaliverlust aus 90 proc. Soda (50% Natronhaltig), reinem frischgebranntem Kalk und reinem Sand geschmolzen, so hätte die Zusammensetzung des verwandten Gemenges sein müssen:

77,3 Theile Sand, entsprechend . . 77,3 Kieselsäure
32,6 » Soda » . . 16,3 Natron
6,4 » Kalk » . . 6,4 Kalk
116,3 » Gemenge » . . 100,0 Glas

oder, wie üblich auf 100 Theile Sand berechnet:

Sand . . . . . . 100 Theile
Soda . . . . 42,2 »
Kalk . . . . 8,2 »

Eine Barilla, die unter der Bezeichnung »Soude salée« im Handel vorkam, und von Girardin analysirt worden[1]), hatte die Zusammensetzung:

Kohlens. Natron 23,29 entsprechend Natron 13,6] SS. 38,4%
Chlornatrium . . 46,90 » » 24,8] Natron
Schwefelcalcium
(CaS) . . . . . 20,41 » Kalk . 15,8
Kohle u. Sand . 8,40 » Kiesels. 8,4 (?)
Wasser 1,00
S. 100,00

Denkt man sich diese »Soude salée« an Stelle der 90 proc. Soda nach dem obigen Satzverhältnisse verschmolzen, so hätte man, wenn bei genügender Temperatur alles Na-

---

[1]) Girardin: Liebig's Ann. 1846 Bd. 60, p. 236.

trium aus dem Kochsalze in das Glas überginge, ein Product zu erwarten, dessen Zusammensetzung:

Kieselsäure	76,7
Natron	12,0
Kalk	11,3
Summa	100,0

sich der der angeführten venetianischen und böhmischen Gläser auffallend nähert und gegen das sich in betreff der Constitution nicht viel anführen liesse.

Lässt sich nun in der angeführten Weise das in Aufnahmekommen kalkarmer Gläser ungezwungen erklären, so bietet diese Erklärung gleichzeitig die Gelegenheit, den Ursprung einer fast · ebenso verbreiteten als irrthümlichen Behauptung vieler Empiriker auf den Grund zu kommen, nach der, bei Anwendung von Glaubersalz reichlicher Kalkzusatz gestattet, bei Soda dagegen, »nach aller Erfahrung« unstatthaft sei. Diesen Erfahrungen liegen allem Anschein nach thatsächliche Beobachtungen zu Grunde, die, soweit solches ohne Zuhülfenahme der Analyse möglich, ihrer Zeit richtig waren, deren Werth sich aber auf die sehr allgemeine Wahrheit reducirt, dass auch ·der Kalkzusatz seine Grenzen habe, und die sogar nachtheilig gewirkt haben, indem sie falschen Annahmen den Schein erprobter Thatsachen verliehen.

Wenn es nach dem Vorstehenden erklärlich, ja unter den einmal gegebenen Verhältnissen natürlich erscheint, dass das Schmelzen kalkarmen Glases auf vielen Hütten in Aufnahme kam und dann auch fortdauernd betrieben wurde, so ist andererseits die Gleichgültigkeit, mit der selbst bedeutende Etablissments, ja die grössten unserer Zeit, auf diesem Abwege beharrten, ein Beweiss dafür, wie wenig sie bemüht oder befähigt gewesen, die Industrie auf rationellem Wege zu heben und die hiezu gelegentlich durch die Wissenschaft gebotenen Fingerzeige auszunutzen.

Von den Fabriken der Gesellschaft von St. Gobin be-

richtet Pélouze noch in seiner letzten, aus dem verflosse-
nen Jahre stammenden Untersuchung »Ueber das Glas«[1])
man giesse dort, nebeneinander, Spiegelglas beider folgenden Zusammensetzungen:

I.			II.		
Kieselsäure	. .	77,04	Kieselsäure	. .	73,05
Natron	. . .	15,51	Natron	. . .	11,79
Kalk	. . .	7,41	Kalk	. . .	15,16
Summa		99,96	Summa		100,00

Es hat somit den Anschein, als hätte man sich dort
noch nicht entschieden, ob man sich der Zusammensetzung
2 (Na O 3 Si O_2) $+$ Ca O 3 Si O_2 oder derjenigen
5 (Na O 3 Si O_2) $+$ 7 (Ca O 3 Si O_2) nähern wolle, resp.
müsse; und was die englischen Giessereien betrifft, so haben dieselben wenigstens bis 1857 — aus welchem Jahre
mir ächte Proben zur Hand — nicht erkannt, woran es
lag, dass Klagen über »Blindwerden,« »Schwitzen« etc. ihrer
Producte sich häuften und dass der Import aus dem Aus-
lande ein unverhältnissmässig grosser blieb.   Nach einem
Berichte von Daglish in St. Hellens soll sich die Sachlage,
wenigstens auf den »Birmingham Plate-Glass Works« zu
Ravenhead bei St. Hellens, in neuester Zeit zum Vortheil
verändert haben; er führt an[2]): »In Folge der bedeuten-
den Concurrenz haben die englischen Glasfabriken in neuester Zeit eine ausgedehnte Reihe von Versuchen begonnen,
deren Zweck die Herstellung eines Spiegelglases von besse-
rer Qualität und zu geringeren Productionskosten ist, und
in mehreren Fällen wurden entschieden günstige Resultate
erzielt. — Unter den so veränderten Umständen ist das
jetzt zu Ravenhead fabricirte Glas den besten französischen
Producten ganz gleich zu stellen.« Erführt man nun aus
dieser Mittheilung auch nicht, ob ein kalkreicheres Glau-

---

[1]) Pelouze: Polytechn. Centralbl. 1867. Pag. 315, nach Compt.
rend. T. 64, p. 53.
[2]) Daglish: Polytechn. Centralblatt 1865, pag. 110.

bersalzgemenge jetzt in Ravenhead Anwendung finde, und
hierin die wesentlichste Neuerung besteht, so weisen hierauf einerseits die »geringeren Productionskosten«, andererseits dass bei der Reorganisation Ravenhead's »Münsterbusch'sche« Erfahrungen und Kräfte direct zu Diensten gestanden haben und zum Theil noch stehen.

Wägt man die Vor- und Nachtheile die für und gegen
das kalkarme, sich der Zusammensetzung $2 (Na O 3 Si O_2) +$
$Ca O 3 Si O_2$ oder $5 (2 Na O 7 Si O_2) + 2 (2 Ca O 7 Si O_2)$
nähernde Glas sprechen, gegeneinander ab, so wird es klar,
das das kalkreiche für den Consumenten in jeder Beziehung
den Vorzug verdient, ebenso deutlich aber treten die
Gründe hervor, die die Producenten veranlassen, das kalkarme beizubehalten, so lange nicht entweder die Concurrenz oder der Geschmack des Publicums sie zwingt dasselbe
aufzugeben und es gewinnt den Anschein, als sei die bei
alten Glasmacherfamilien für unsere Industrie so beliebte
Bezeichnung »Cagnots« vielfach nicht ganz unbegründet.

Die wesentlichsten divergirenden Eigenschaften wären

kalkarmes Glas	kalkreiches Glas
etwa $2 (Na O 3 Si O_2) + Ca O 3 Si O_2$.	etwa $5 (Na O 3 Si O_2) + 7 Ca O 3 Si O_2$.
schmilzt und läutert sich leicht und vollkommen;	erfordert sowohl zum Schmelzen als zu vollkommener Läuterung einen höheren Hitzegrad;
greift die Häfen weniger an als das kalkreiche;	greift die Häfen stärker an, wenigstens indirect, durch die zum Schmelzen erforderliche höhere Temperatur;
ist weich und lässt sich daher leicht schleifen und poliren, die Politur wird aber auch leicht verletzt;	ist hart, schleift und polirt sich daher langsamer, nimmt aber eine vorzügliche und dauerhafte Politur an;
zeigt, rein von sogenannten Entfärbungsmitteln häufig	meist Stich ins Meergrüne oder Bläuliche;

einen Stich in's Gelbe oder Grasgrüne; wird durch Wasser und chemische Agentien leicht zersetzt, schwitzt, erblindet leicht; ist spröde.

widersteht der Einwirkung von Wasser und chem. Agentien weit besser; ist resistenter gegen die Einflüsse raschen Temperaturwechsels und elastischer, entglast leichter.

In Betreff des letzten hier angeführten Punktes, der Entglasung, sei erwähnt, dass sich meine Ansicht auf eine Beobachtung an Herdeglas stützt. Gelegentlich riss auf hiesiger Hütte ein mit einem weichen Sodagemenge versuchsweise angesetzter Hafen und entleerte sein Inhalt in eine der Taschen des Siemenschen Regenerativofens, in der sich das Herdglas sammelt. Bei dem bald darauf erfolgenden Abbruch des Oberofens und gänzlichem Ausräumen des allmählich erkalteten Herdglases fand sich nun in der sonst durch und durch entglasten Masse eine etwa $1/2$ Zoll mächtige Schicht durchsichtigen grünlichen Glases an mehreren Stellen unterbrochen, deren Verhalten (spez. Gew.) sie als kalkarm erkennen liess. Eine nähere Untersuchung war mir damals nicht möglich und später keine mit Sicherheit daher stammende Probe zur Hand. Directe vergleichende Untersuchungen habe ich bisher nicht anstellen können, halte die Entglasungsfrage daher hiedurch ebenso wenig für gelöst, als durch die übrigen bisherigen Beobachtungen Anderer, von denen die neuesten hier eine Stelle finden mögen, soweit sie für die Praxis der Glasfabrication und des Gemengeansetzens von Wichtigkeit.

Pelouze fand[1]) indem er in einem Siemens'schen Ofen successive:

---

[1]) Pelouze: Polytechn. Centralblatt 1867, pag. 315, nach Compt. rend. 64, p. 53.

	I.	II.	III.
Sand . . .	270 Theile	350 Theile	400 Theile
Glaubersalz .	100 »	100 »	100 »
kohlens. Kalk .	100 »	100 »	100 »
Kohle . . .	6,5 »	6,5 »	6,5 »

schmolz, und hieraus Gläser erhielt, deren Zusammensetzung:

	I.	II.	III.
Kieselsäure . .	73,05 %	77,80 %	82,24 %
Natron. . . .	11,79 »	9,70 »	8,73 »
Kalk	15,16 »	12,50 »	11,20 »

$$\text{annähernd:} \begin{cases} 5\,(\mathrm{Na\,O\,3\,Si\,O_2}) + \\ 7\,(\mathrm{Ca\,O\,3\,Si\,O_2}) \end{cases} \qquad \begin{cases} 5\,(\mathrm{Na\,O\,4\,Si\,O_2}) + \\ 7\,(\mathrm{Ca\,O\,4\,Si\,O_2}) \end{cases}$$

erhielt, so dass während Nr. I unentglast blieb, Nr. II an
den auf den heissesten Theilen des Kühlofens aufliegenden
Stellen, wie seine opalisirende Oberfläche zu erkennen gab,
einen Anfang von Entglasung erlitten hatte, Nr. III endlich vollständig undurchsichtig geworden war. Die Versuche über das Kühlen des sehr stark mit Kieselsäure übersättigten Glases, auch eines solchen der Zusammensetzung:

Kieselsäure 82,24
Natron 12,01
Kalk 5,75
100,00

annähernd: 3 $(\mathrm{Na\,O\,4\,Si\,O_2})$ + 2 $(\mathrm{Ca\,O\,4\,Si\,O_2})$
wurden oft wiederholt und immer erhielt man Proben, die
merkwürdig waren durch die Leichtigkeit mit welcher sie
sich entglasten, während das gewöhnliche Münsterbusch'sche
Glas den Kühlprocess stets unbeschadet seiner Durchsich-
tigkeit durchmacht. »Hieraus« leitet Pelouze ab, »ergibt
sich für den Fabrikanten die Unmöglichkeit, bei dem Na-
tron-Kalkglas die durch eine lange Erfahrung bewährte
Menge des Sandes zu vergrössern. Wenn er diese Menge
überschritte, und wäre es auch nur um einige Procent, so
würde er riskiren, sein Glas während der Verarbeitung
krätzig oder doch wenigstens opalisirend werden zu sehen.«

Hiergegen führt Bontemps[1]) an : »Die Versuche des
Herrn Pelouze beweisen allerdings, dass er, indem er den
Kieselsäuregehalt des Glases vergrösserte, dasselbe leichter
entglasbar machte; gleichwohl glaube ich nicht, dass die
Kieselsäure die Hauptursache davon ist. Die Erscheinun-
gen des Entglasens sind den Fensterglas-, besonders aber
den Bouteillenglas-Fabrikanten wohl bekannt, denn das
Entglasen bildet eine der Klippen ihrer Fabrication. Was
ist nun das Mittel welches der Fabricant hiergegen anwen-
det? Er nimmt zu der folgenden Schmelze nicht weniger
Kieselsäure, sondern verringert den Kalkzusatz. — Bei den
von Pelouze angeführten Versuchen, wurde das Glas durch
Vergrösserung des Kieselsäurezusatzes leichter entglasbar,
aber der Satz welchem Pelouze Kieselsäure hinzufügte, enthielt viel Kalk. Ich glaube, dass mir wenige Glasmacher
widersprechen werden, wenn ich sage dass der Kalk das
wirksamste Agens der Entglasung ist. — Wenn man nur
die Hitze hinreichend verstärkt, kann man selbst bei einem
noch grösseren Zusatz von Kieselsäure als Pelouze ange-
wendet hat, ein durchsichtiges, beim Erkalten nicht trübe
werdendes Glas erhalten, sofern man dem Satze keinen
Kalk hinzufügt.«

Diese letzte Behauptung bestreitet endlich Clemendot[2]),
indem er aus seiner Praxis als alter Glasfabrikant mittheilt, er habe ein blos aus Kieselsäure und Natron be-
stehendes Glas geschmolzen, das, rasch abgekühlt, durch-
sichtig und unverändert blieb, bei langsamen Erkalten dagegen eine vollständige Entglasung zeigte und eine weisse
undurchsichtige Masse bildete, die an der Luft Feuchtig-
keit anzog und wie Glaubersalz oder Soda zerfiel. »Diese

---

[1]) Bontemps: Polytechn. Centralbl. 1867, p. 449 nach Compt.
rend. T. 64, p. 229.
[2]) Clemendot: Polytechn. Centralbl. 1867, p. 611 nach Compt.
rend. T. 64, p. 415.

Erfahrung zeigt unzweifelhaft, dass ein Glas sich entglasen kann, selbst wenn es gar keinen Kalk enthält; auch war in diesem vorliegenden Falle der zu grosse Ueberschuss an Kieselsäure die Ursache der Entglasung. Die bei den Glasmachern so verbreitete Ansicht, dass das Glas um so dauerhafter sei, je mehr Kieselsäure es enthalte, ist nach dem Vorstehenden also nicht unbedingt richtig. — Wenn ein Glas zu viel Kalk enthält, so kann dieses allerdings die Entglasung bedingen, aber ebensowohl kann dieselbe durch einen Ueberschuss an Kieselsäure oder Bleioxyd bewirkt werden.«

Hat es nun nach allem bisher Bekannten den Anschein als sei die letztere Ansicht die richtige, und als komme es mehr auf die Verhältnisse der Einzelbestandtheile unter einander als auf die Art der Bestandtheile selbst an, so ist es um so mehr dringendes Bedürfniss, zu erfahren, welches die Maximalwerthe von Kieselsäure und Kalk sind, die ohne Gefahr für das darzustellende Product, in das Gemenge eingeführt werden dürfen, und ist in dieser, wie in vielfacher Beziehung die letzte oben angeführte Pelouze'sche Arbeit eine höchst dankenswerthe Bereicherung unseres Wissens, indem sie für die kalkreichen, guten Gläser nachweist, dass man nicht wohl über die Grenzen des Trisilicats von 5 Na O $+$ 7 Ca O hinüberzugehen vermag, ohne, wenigstens für gegossenes und geblasenes Tafelglas, die Entglasung fürchten zu müssen.

Bei dieser Gelegenheit sei hier der Versuch einer Widerlegung noch einer zweiten sehr verbreiteten Ansicht angeführt, nach der ein irgend bedeutender Thonerdegehalt des Glases dasselbe zur Entglasung geneigt machen soll, den wir ebenfalls der citirten reichhaltigen Untersuchung Pelouze's zu danken haben.

Alle Glassorten des Handels enthalten Thonerde aus den durch das Gemenge mehr oder weniger angegriffen werdenden Häfen stammend. Bei manchen Gläsern, na-

mentlich niederer Sorten, ist der Thonerdegehalt sogar sehr
bedeutend und liefern denselben, ausser der eben angeführten Quelle, nur eine, oder natürliche thonerdereiche
Schmelzmaterialien (Feldspath etc.). Beispielshalber seien
hier die Analysen einiger Glassorten letzterer Art angeführt.

Ordinäres Flaschenglas.

	I.	II.	III.	IV.
Kieselsäure	60,0	60,4	45,6	58,55
Kali	} 3,1	3,2	} 6,1	5,48
Natron				—
Kalk	22,3	21,5	28,1	29,22
Eisenoxyd	} 5,2	3,8	6,2	5,74
Manganoxydul				
Thonerde	8,0	10,4	14,0	6,01

I. von Sauvigny bei Moulins (Dep. de l'Allier), sehr
geschätzt. II. von St. Etienne (Dep. de la Loire), beide
anal. von Berthier 1830. Ann. chim. phys. T. 44, p. 433.
III. von Sèvres. IV. von Clichy, leicht entglasbar; beide
anal. von Dumas 1830. Ann. chim. phys. T. 44, p. 144.

Fensterglas.

	I.	II.	III.
Kieselsäure	69,0	68,5	68,0
Natron	11,1	13,7	10,1
Kalk	12,5	7,8	14,3
Thonerde	7,4	10,0	7,6

I. Englisches. II. u. III. französisches Glas aus nicht
näher bezeichneten Fabriken, annal. v. Dumas 1830. Ann.
chim. phys. T. 44, p. 144.

Um sich erklären zu können, weshalb das Flaschenglas, so z. B. das von Clichy, leicht entglasbar, bedarf man
nun einmal der Zuhülfenahme der Thonerde nicht, andererseits dürften die Fensterglasproben schon dafür sprechen, dass ein Glas, trotz hohen Thonerdegehaltes, nicht
sich zu entglasen brauche. Nun will aber Pelouze den
stricten Beweis geführt haben, dass die Thonerde die Ent-

glasung eher zu hindern als zu fördern geeignet sein dürfte.
— Er fügte 100 Theilen der folgenden Mischung:

Sand . . . . 250 Theile
Kohlensaures Natron . 100 »
» Kalk . . 50 »

die für sich geschmolzen ein Glas der Zusammensetzung:

Kieselsäure 74,3
Natron. . . . . . . 16,6 $\quad$ ca $\quad$ 5 (Na O 3 Si O₂) +
Kalk . . . . 9,1 $\qquad$ 3 (Ca O 3 Si O₂)
S. 100,0 ergeben musste, in auf-
einander folgenden Versuchen hinzu:

I. reine und trockene Thonerde 30 Theile
II. » » » » 40 »
III. » » » » 50 »
IV. » » » » 60 »
V. » » » » 80 »
VI. » » » » 90 »
VII. » » » » 100 »

Die in dieser Weise gewonnenen Schmelzproducte
mussten die folgenden Zusammensetzungen geben:

	I.	II.	III.	IV.	V.	VI.	VII.
Kieselsäure . .	57,2	53,0	49,5	46,4	41,3	39,1	37,2
Natron . . .	12,8	11,8	11,1	10,4	9,2	8,7	8,3
Kalk . . .	7,0	6,5	6,1	5,7	5,1	4,8	4,5
Thonerde .	23,0	28,7	33,3	37,5	44,4	47,4	50,0

I. schmolz leicht, läuterte sich schwer, zeigte nach 48
Stunden in einer zum Wiedererweichen genügenden Hitze
an der Oberfläche Anzeichen der Entglasung.

II. und III. verhielt sich wie I.

IV. war etwas teigiger und etwas leichter zu entglas-
sen.

V. unterscheidet sich beim Schmelzen nicht von thon-
erdefreiem Glase, mit einer Probe Spiegelglas — welcher
Zusammensetzung ist nicht erwähnt — gleichzeitig 240
Stunden bis zum Erweichen erhitzt, war es noch weit da-

3 *

von entfernt, entglast zu sein, während letzteres längst
vollständig entglast war.
VI. enthielt noch Spuren nicht geschmolzener Thonerde, ebenso VII. Ebensowenig wie bei diesen letzten Proben gelang es Pelouze ein Glas, das er aus 250 Theilen
Sand, 100 kohlensaurem Natron und 25 Theilen reiner
trockener Thonerde zusammenschmolz und das die Zusammensetzung:

Kieselsäure	75,00
Natron	17,40
Thonerde	7,60
Summa	100,0

zeigte, trotz der stärksten im Gasofen erreichbaren Hitze,
in 120 Stunden gleichmässig zu schmelzen und zu läutern.
Pelouze ging bei diesen Untersuchungen von der Er-
wartung aus, die Thonerde würde sich wie Chromoxyd
unter analogen Verhältnissen, aus ihrer Lösung in Glas
krystallinisch ausscheiden und hierdurch eine Entglasung
bewirken. Geht nun auch aus seinen vorstehenden Versuchen hervor, dass dieses nicht der Fall, so ist dadurch
die Frage, ob sie in den erforderlichen Verhältnissen vorhanden, nicht eine Ausscheidung gewisser Verbindungen,
in deren Constitution sie eingegangen, oder eingehen könnte,
bewirkend, entglasenden Einfluss auf das Glas ausüben
konnte, doch durchaus nicht entschieden; ja es spricht für
letztere Annahme sogar eine directe Beobachtung. Prechtl
fand in einem stark geschmolzenen Glassatze von 1,5 Ctr.
Gewicht, dem man eine bedeutende Quantität Feldspath
zugesetzt hatte, nach langsamem Erkalten einen Theil dieses Minerals in blättrigen Massen und einigen grossen
deutlichen Krystallen wieder ausgeschieden[1]). Die Verhältnisse, unter denen solche Ausscheidungen oder partielle

---

[1]) Bischofs Chem. Geolog. II. Auflage, II. Bd., p. 404, nach
Wien. Acad. Ber. Bd. II, p. 230.

Krystallisationen erfolgen oder unterbleiben, sind indess noch sehr wenig bekannt, für die Praxis der Glasfabri- cation aber liefern Gläser wie die oben angeführten Fen- sterglasproben und der von Dumas untersuchte böhmische Becher mit 9,6 % Thonerdegehalt den Beweis, dass die Industrie die geringen Mengen von Thonerde wie sie in besseren Glassorten vorkommen, in Betreff der Entglasung zu fürchten keine Ursache hat.

In Betreff eines anderen sehr gefürchteten Feindes der Hütten, der Magnesia, wird durch Pelouze's Versuche im weiteren Verlaufe der citirten Abhaudlung bestätigt, dass bedeutende Quantitäten derselben, wenn sie dem Glase beigefügt werden, dasselbe teigig, mithin schwer läuterbar machen. Auch scheint durch grossen Magnesiagehalt Ver- anlassung zu leichterer Entglasung gegeben zu werden.

Dem Gewerbe ist dieser Einfluss der Magnesia längst bekannt und gibt es den Thatsachen nur in' seiner Weise Ausdruck. So theilte mir ein deutscher Schmelzer mit, er habe einen mageren gebrannten Kalk (Dolomit) zeitweilig verschmelzen müssen, derselbe habe sich aber unbrauchbar erwiesen, da er ein Glas voller kleiner Blasen geliefert. Die einfache Uebersetzung dieser Aussage ist »das Glas wurde zu teigig um sich gut zu läutern« und fällt die Be- obachtung mit der anderen, jedem Schmelzer bekannten zusammen, dass, wenn bald nach Beginn der Läuterung, oder zu Ende der Schmelze eine mit dem Probirhaken ge- zogene Probe grosse langgestreckte Blasen zeige, das Glas, gut blank' zu werden verspreche.

Fasst man zum Schlusse dieses Theiles der Untersu- suchung die bisher gewonnenen Resultate in Kürze noch- mals zusammen, so ergab sich:

I. Abgesehen vom ordinären Flaschenglase und ein- zelnen, als schlecht anerkannten Proben, nähert sich das bleifreie Glas in seiner Zusammensetzung theils der Zusummensetzung $5 \left.{Na \atop K}\right\} O\ 3\ Si\ O_2) + 7\ (Ca\ O\ 3\ Si\ O_2)$, anderntheils derjenigen $5\ (2\ Na\ O\ 7\ Si\ O_2) + 2\ (Ca\ O\ 7\ Si\ O_2)$. Von diesen Gattungen wird die erste namentlich in Venedig, Böhmen und Deutschland, die andere hauptsächlich in Frankreich und England fabricirt.

II. Dass kalkreiches Glas geeigneter ist den gerechten Anforderungen des Publicums, welches grösstmögliche Härte, Elasticität und Resistenz gegen chemische Agentien verlangt, nachzukommen.

III. Die Formel $5 \left.{Na \atop K}\right\} O\ 3\ Si\ O_2) + 7\ (Ca\ O\ 3\ Si\ O_2)$ giebt die nach den bisherigen Erfahrungen zulässigen Maximalwerthe für Kieselsäure und Kalk in gutem Glase, die nicht wohl um ein Erhebliches überschritten werden können, ohne dass schon im Schmelzofen beim Abkühlen desselben während der Arbeit, oder im Streck- und Kühlofen Entglasung eintritt.

IV. Ein Thonerdegehalt so geringer Quantität, wie ihn die besseren Glassorten des Handels zeigen, ist für den Werth des Glases, sowie für seine Herstellung practisch bedeutungslos.

In nachstehender Tabelle I sind nun für verschiedene Gläser des Handels, die von Dumas, Berthier, Pelouze, Peligot u. a. m. gefundenen procentischen Zusammensetzungen, so wie die in oben angeführter Weise mit zu Grundelegung der Normalzusammensetzung $5 \left.{Na \atop K}\right\} O\ 3\ Si\ O_2) + 7\ (Ca\ O\ 3\ Si\ O_2)$ berechneten »practischen« Formeln neben einander gestellt und nach abnehmendem Gehalte der Proben an Normalglas geordnet. Die Angaben der letzten Colonne unter der Ueberschrift »Normalglas + Thon« wur-

01

dı

erv
1£
rn
erv
hy
;hı
L :
erv
hy
]
:
]
bri
hy
.
hy
ier
hy
. 1
oui
chı
hy
hy
. 1
ier
ph;
. 1!
bri
ou
phj
urn
. 1:
phj

urn

samin

deren
Von
dig, E
Frank
I
Anfor
Elasti
langt,

I.

giebt
ximalv
die ni
könne
dessell
ofen I
IV
die be
Werth
bedeut

In
Gläser
Peligot
gen, so

legung
7 (Ca O
einande
ben an
Colonn

den beigegeben, da sie mir geeignet scheinen — natürlich
unter Berücksichtigung der übrigen Zusammensetzung —
als Grundlage für eine relative Werthbestimmung verschie-
dener Glassorten des Handels benutzt werden zu können.
Nach dem zu Anfang der vorliegenden Studie über die
Berechnung Mitgetheilten und an Beispielen Erläuterten
dürfte es keiner weiteren Erklärung der Tabelle bedürfen.
Was die sich aus dieser Zusammensetzung ergebenden
Schlüsse betrifft, so sind dieselben, um Wiederholungen zu
vermeiden, erst am Schlusse des II. Theils vorliegender
Studie, nach der Besprechung meiner eigenen Analysen und
Versuche, zusammengestellt.

Bei einem ersten Ueberblicken der nachstehenden Tabelle, so wie der Theil II gegebenen, hat es allerdings den
Anschein, als habe Pelouze mit seiner Behauptung die bereits in der Einleitung angeführt, Recht, und als könnten
die Gläser des Handels nur »als einfache Gemenge verschiedener bestimmter Verbindungen« betrachtet werden,
mir scheint aber wie wiederholt angeführt, aus den bisher
gegebenen Ableitungen zu folgen, dass eine einheitliche
Auffassung möglich und dass das Auftreten der »Gemenge«
nicht naturgemäss, sondern leider nicht zu läug-
nen, sowie dass es ein Unmöglichmachen des Fortschrit-
tes der Industrie, wollte man das irrationelle Treiben vieler Hütten durch Aussprüche wie den obigen sanctioniren.
Ich hoffe dass bereits aus dem Bisherigen mein Streben als
solches hervorgegangen, welches nicht umstürzend und
theoretisch docirend, sondern eingedenk des »Was du er-
erbt von deinen Vätern hast, Erwirb es, um es zu besitzen«, das Gute und Brauchbare, so weit meine Kräfte
reichten von dem Unsicheren oder Verwerflichen zu schei-
den bemüht, der Glasindustrie zu nutzen suchte; und solches mag die vielleicht zu breite Behandlung einzelner
Parthien entschuldigen.

Theil II.

Hatten wir es im ersten Theile dieser Untersuchungen mit der Zusammensetzung von Gläsern zu thun, deren Production der Zeit nach innerhalb sehr weiter Grenzen lag, so stammen die im Nachfolgenden aufgeführten Proben alle aus den letzten 10 Jahren und könnte man daher vielleicht grössere Gleichmässigkeit in der Composition derselben erwarten. Vergleicht man aber die im Folgenden gewonnenen Resultate, so zeigt sich selbst unter der geringen Anzahl der Proben, die mir zu Gebote standen, mit Ausnahme des Tafelglases, bei dem ein dem normalen sich näherndes Verhältniss der Einzelbestandtheile vorherrscht, fast dieselbe Rathlosigkeit, die einem aus Tab. I in die Augen springt. Man findet wiederum nicht nur die markirten Gegensätze des kalkreichen und kalkarmen Glases, sondern auch die allmähligen Uebergänge aus dem einen in das andere Extrem.

Was zunächst die Echtheit der von mir untersuchten Gläser in Bezug der Angaben über ihre Herkunft betrifft, so verdanke ich die englischen, und das gegossene Spiegelglas der »Société anonyme d'Aix-la-Chapelle« der Güte des Herrn Prof. Dr. C. Schmidt in Dorpat, der sie an Ort und Stelle gesammelt, das Glas der Société d'Herbathe, der Warmbrunn et Quilitz'schen Hütte, das der Nicolski'schen Hütte und das Rüting'sche, der Freundlichkeit des Herrn

Apotheker Th. Köhler in Dorpat. Die Stolberger Proben, die von Charleroi, so wie die der hiesigen und Fennern'schen Hütte, habe ich direct von den betreffenden Fabriken, das finnische und übrige russische Glas in Dorpat gekauft, wobei mir von den Prinzipalen der Läden die angeführten Firmen als zuverlässig aufgegeben und zum Theil an den Originalrechnungen nachgewiesen wurden. Die beiden Proben rheinischen Hohlglases (Tab. II, Nr. 21 u. 26) konnten nicht näher bezeichnet werden. Nr. 21 erhielt ich gelegentlich aus der Apotheke in Stolberg bei Aachen, Nr. 26 enthielt Chemicalien von Marquart in Bonn.

Die bei den nachstehenden Analysen angewandte Methode war die folgende.

Von der möglichst fein gepulverten Probe wurden 1,2 bis 1,5 gm. mit zerfallenem reinen kohlensauren Natron über einer Deville'schen Gebläselampe aufgeschlossen, mit Salzsäure zersetzt, eingedampft, geglüht, mit salzsäurehaltigem Wasser aufgenommen, filtrirt, ausgewaschen; der Rückstand geglüht, gewogen und als Kieselsäure in Rechnung gebracht. Das Filtrat wurde nach Abscheidung von Thonerde, Eisenoxyd und Kalk, durch caustisches und oxalsaures Ammoniak auf Magnesia geprüft, jedoch durchgehend keine gefunden.

Andere 1,2 bis 1,5 gm. wurden mit wässeriger Flusssäure aufgeschlossen; zur Trockne verdampft, mit concentrirterr einer Schwefelsäure zersetzt und nach verjagen der überschüssigen Schwefelsäure schwach geglüht. Das Gemenge der Sulfate wurde in schwach mit Salzsäure angesäuertem Wasser aufgenommen, und aus der Lösung Thonerde, Eisenoxyd und Oxydul so wie Manganoxydul durch Ammoniak abgeschieden, abfiltrirt und bei den kalkreichen Gläsern von neuem in Salzsäure aufgenommen und gefällt, in welch letzterem Falle dann beide Filtrate für die folgenden Bestimmungen vereinigt wurden. — Der Filtrationrückstand wurde geglüht, und als »Thonerde $+$ Eisenoxyd«

aufgeführt. Die Trennung der Einzelbestandtheile des Niederschlags wurde, da keiner derselben zu den Normalbestandtheilen guten Glases gerechnet werden kann, unterlassen. — Das Filtrat, resp. die vereinigten Filtrate, wurden mit überschüssigem oxalsaurem Ammon. versetzt, und 12 Stunden in der Wärme digerirt und alsdann der oxalsaure Kalk abfiltrirt, nach dem Trocknen circa 5 Minuten über der Deville'schen Lampe geglüht und als Kalk (Ca O) berechnet. — Der nach Abscheidung des Kalkes bleibende Rest wurde in Platin eingedampft, geglüht, mit Schwefelsäure befeuchtet und hierauf abermals, zuerst für sich, dann nach Zusatz eines Stückchen kohlensauren Ammoniacs geglüht und gewogen, hierauf in möglichst wenig Wasser unter Zusatz einiger Tropfen Salzsäure wieder aufgenommen, und mit Alkohol und Platinchlorid versetzt. War nach etwa 12 Stunden kein Niederschlag von Platinchloridkalium bemerkbar, so wurde das gefundene Sulfat als schwefelsaures Natron auf seinen Natrongehalt reducirt, im entgegengesetzten Falle das Kali als KCl Pt Cl$_2$ bestimmt, das Natron aus der Differenz berechnet.

Für einige in Tab. II aufgeführte und mit einem Stern bezeichnete Schmelzcontrolanalysen auf hiesiger Hütte geschmolzenen Glases, war der vorstehend angegebene Weg zu zeitraubend. Zu dieser Analyse schliesse ich circa 1,5 gm. feingepulvertes Glas mit kohlensaurem Natron auf, bestimme Kieselsäure, Thonerde und Eisenoxyd, und Kalk aus derselben Lösung, und berechne das Natron gleich dem Procentdefizit.

Das angegebene specifische Gewicht bezieht sich auf Glas und Wasser von derselben Temperatur: 15—20° C.

I. Gegossenes Spiegel- und Fensterglas.

1. Spiegelglas von Münsterbusch (Stolberg bei Aachen), Gesellschaft von St. Gobin.

In offenen Häfen, bei directer Steinkohlenfeuerung geschmolzenes Glaubersalzglas aus dem Jahre 1865. Fast farblos, gut geschmolzen und geläutert. Sp. Gew. $= 2,526$.

Kieselsäure 73,17
Natron .... 12,80 $\dfrac{\text{Natron}}{\text{Kalk}} = \dfrac{1}{1,068}$
Kalk 13,67
Thonerde+Eisenoxyd 0,30
Summa 99,94

2. Dasselbe, ebendaher und aus demselben Jahre.

Aussehen wie bei Nr. 1. Sp. Gew. $= 2,542$.

Kieselsäure 71,88
Natron ..... 11,96 $\dfrac{\text{Natron}}{\text{Kalk}} = \dfrac{1}{1,288}$
Kalk 15,40
Thonerde+Eisenoxyd 0,90
Summa 100,14

3. Dasselbe, ebendaher aus dem Jahre 1866.

Aussehen wie oben. Sp. Gew. $= 2,545$.

Kieselsäure 70,63
Natron ..... 11,84 $\dfrac{\text{Natron}}{\text{Kalk}} = \dfrac{1}{1,358}$
Kalk 16,09
Thonerde+Eisenoxyd 0,80
Summa 99,36

Ueber die Gemengeverhältnisse, wie sie auf Münsterbusch seit 1859 üblich, hat Jäckel eine Mittheilung gemacht[1]), von deren Richtigkeit ich mich an Ort und Stelle zu überzeugen Gelegenheit gehabt, und die mit den neue-

---

[1]) Jäckel: Dingler's Journal 1861, Bd. 161, p. 110.

sten Angaben Pelouze's [1]) über das Glaubersalzgemenge von St. Gobin, bis auf einen geringen Unterschied im Sandgehalte übereinstimmen. Das Anwendung findende Durschschnittsgemenge wäre demnach:

	nach Jäckel,	nach Pelouze.
Sand	260 Theile	270 Theile
Gercin. calcinirtes Glaubersalz	100 »	100 »
Gemahlener Kalkstein . .	100 »	100 »
Kohle	6,5 »	6,8 »
Arsenic	1,0 »	? »

unter Annahme reiner Materialien gäbe dieses ein Glas der Zusammensetzung;

Kieselsäure .	72,29	73,05
Natron	12,14	11,79
Kalk	15,57	15,16
Summa	100,00	100,00

Die Durchschnittszusammensetzung des Spiegelglases von Münsterbusch ist nach obigen Analysen:

Kieselsäure 71,90
Natron . . . . . 12,25 $\qquad \dfrac{\text{Natron}}{\text{Kalk}} = \dfrac{1}{1,233}$
Kalk 15,10
Thonerde + Eisenoxyd 0,75
Summa 100,00

was mit der berechneten Zusammensetzung aus dem von Jäckel publicirten Satze sehr gut übereinstimmt.

4. Gegossenes Fensterglas I. Sorte von Münsterbusch.

In offenem Hafen geschmolzenes Glaubersalzglas. 1865. Rohes dünnes Glas mit geriefter unterer Seite, fast farblos, gut geschmolzen und fast vollständig geläutert. Sp. Gew. = 2,537.

---

[1]) Pelouze: Polytechn. Centralbl 1867, p. 315.

Kieselsäure 72,80
Natron 12,30   Natron
Kalk . . . . . 14,10 $\dfrac{\text{Natron}}{\text{Kalk}} = 1,146$
Thonerde + Eisenoxyd 0,73
       Summa 99,93

5. Fensterglas II. Sorte von Münsterbusch.

Glaubersalzglas wie die früheren Nummern geschmolzen
1865. Gut geschmolzenes, nicht vollständig geläutertes
Rohglas mit einem Rautendessin auf der unteren Seite,
und einem starken Stich in's Grasgrüne. Sp. Gew. = 2,534.

Kieselsäure 71,50
Natron . . . . . 13,05 $\dfrac{\text{Natron}}{\text{Kalk}} = 1,018$
Kalk 13,29
Thonerde + Eisenoxyd 2,03
       Summa 99,92

Von diesen beiden Fensterglassorten ist die erste ihrer
Zusammensetzung nach als mit dem Spiegelglase identisch
anzusehen, und nur, da das Glas weder geschliffen, noch
polirt zu werden bestimmt ist, weniger sorgfältig geläutert,
die andere lässt schon durch den für Münsterbusch unge-
wöhnlich hohen Thonerdegehalt ihren Ursprung erkennen,
sie ist, unter Zusatz eines weichen, natronreichen Gemenges, wieder verschmolzenes Herdglas. —

6. Spiegelglas von Münsterbusch (altes).
(Société anonyme d'Aix-la-Chapelle).

In offenen Häfen bei directer Steinkohlenfeuerung geschmolzenes Sodaglas. 1855.

Gut geschmolzen, ziemlich vollständig geläutert. Zeigt
auf der Schnittfläche einen intensiven Stich in's Grasgrüne,
ähnlich wie Nr. 5. Sp. Gew. = 2,436.

Kieselsäure 78,72
Natron . . . . . 12,92 $\dfrac{\text{Natron}}{\text{Kalk}} = 0,504$
Kalk 6,51
Thonerde + Eisenoxyd 1,65
       Summa 99,80

Pelouze 1. c. gibt den in St. Gobin gebräuchlichen Sodasatz wie folgt:

Sand	290 Theile
Soda	100 »
Kohlensaurer Kalk	50 »

ich erhielt von einem alten stolberger Schmelzer den Satz:

Sand	254 Theile
Soda	100 »
Kohlensaurer Kalk	30 »

Das aus diesen Gemengen hergestellte Glas erhält, wenn man die Soda nach Pelouze 85 proc. ($= 49\,\%$ Natron) rechnet, die Zusammensetzung:

	nach Pelouze,	nach meiner Quelle
Kieselsäure	79,0	79,3
Natron	13,3	15,3
Kalk	7,7	5,4
Summa	100,0	100,0

Die Zusammensetzung der vorliegenden Probe kommt mithin der eines aus dem von Pelouze angegebenen Satze resultirenden Glases sehr nahe. Das nach meiner Quelle geschmolzene Glas würde weicher, aber noch weniger resistent ausfallen. Im Weiteren zeigt die gegebene Analyse, dass Münsterbusch 1855 noch nicht mit Nivelstein'schem Sande (Station Herzogenrath bei Aachen) arbeitete, da der Thonerdegehalt hierfür zu bedeutend.

7. Gegossenes Spiegelglas von Amelung & Sohn bei Dorpat (Livland, Russland).

In offenen Häfen im Siemen'schen Regenerativgasofen für Holzbetrieb geschmolzenes Glaubersalzglas. 1867. Gut geschmolzen und geläutert in 24 Stunden blank, Stich in's Grasgrüne. Sp. Gew. $= 2,537$.

Kieselsäure	71,05	
Natron	12,26	$\dfrac{\text{Natron}}{\text{Kalk}} = \dfrac{1}{1,154}$
Kalk	14,36	
Thonerde + Eisenoxyd	2,30	
Summa	99,97	

47

8. Dasselbe, ebendaher und aus demselben Jahre.

Aeusseres Verhalten wie bei Nr. 7. Sp. Gew. = 2,498.

Kieselsäure 74,05
Natron 10,95   Natron   1
Kalk 12,96   ———— = ————
Thonerde + Eisenoxyd 1,87   Kalk   1,184
Summa 99,83

9. Dasselbe, ebendaher und aus demselben Jahre.

Verhalten wie bei Nr. 7 und 8. Sp. Gew. = 2,548.

Kieselsäure 71,92
Natron 13,39   Natron   1
Kalk . , ... 13,55   ———— = ————
Thonerde + Eisenoxyd 1,44   Kalk   1,012
Summa 100,30

Nr. 7 ist aus einem mit dem von Jäckel publicirten übereinstimmenden Satze geschmolzen, Nr. 8 um ein Geringes härter, Nr. 9 stammt aus der ersten Zeit des Schmelzofens und war durch Erhöhung des Glaubersalzgehaltes weicher gestimmt.

10. Spiegelglas von Ravenhead (St. Hellens).

In offenem Hafen bei Steinkohlenfeuerung geschmolzenes Sodaglas. 1857. Gut geschmolzen und geläutert. Stich ins Bläuliche, mit Mangan überfärbt. Sp. Gew. = 2,464.

Kieselsäure 75,00
Natron 18,63   Natron   1
Kalk 6,57   ———— = ————
Thonerde + Eisenoxyd 0,75   Kalk   0,352
Summa 100,95

11. Cajüttenfensterglas von der Birmingham et London Plate-Glass-Comp.

In offenen Hafen geschmolzenes Sodaglas. 1857. Gut geschmolzen u. geläutert, weiss, sehr weich. Sp. Gew. = 2,448.

Kieselsäure 76,27
Natron . . . . . 16,38 $\dfrac{\text{Natron}}{\text{Kalk}} = \dfrac{1}{0{,}372}$
Kalk 6,09
Thonerde+Eisenoxyd 0,63
Summa 99,37

II. Geblasenes Tafelglas.

1. Fensterglas von der Hütte Rhenania zu Stolberg bei Aachen.

Bei directer Steinkohlenfeuerung geschmolzenes Glaubersalzglas. 1866. Gut geschmolzen und geläutert. Stich in's Meergrüne. Sp. Gew. = 2,524.

Kieselsäure 71,56
Natron . . . . . 12,97 $\dfrac{\text{Natron}}{\text{Kalk}} = \dfrac{1}{1{,}023}$
Kalk 13,27
Thonerde+Eisenoxyd 1,29
Summa 99,09

Die auf der Rhenania in Anwendung kommenden Satzverhältnisse sind nach einer mir freundlichst gemachten Mittheilung des Herrn Ingenieur Nelse, der der dortigen Hütte in neuester Zeit vorgestanden,

Sand . . . . 900 Theile
Glaubersalz . . . . 364 »
Soda . . . . . 10 »
Kalkstein . . . . . 309 »
Kohle . . . . . 18 »

Dieses gäbe, unter Voraussetzung chemisch-reiner Materialien ein Glas der Zusammensetzung:

Kieselsäure 72,7
Natron 13,2
Kalk 14,1
Summa 100,0

die der durch die Analyse gefundenen sehr nahe kommt.

2. Fensterglas von J. J. Gérard in Charlerol (Belgien).

In offenen Hafen, bei directer Steinkohlenfeuerung geschmolzenes Glaubersalzglas aus dem Jahre 1864. Gut geschmolzen und geläutert. Stich in's Gelbgrüne. Sp. Gewicht = 2,538.

Kieselsäure 73,31
Natron 13,00   Natron   1
Kalk 13,24   ——— = ———
Thonerde+Eisenoxyd 0,83   Kalk   1,018
Summa 100,38

Der Güte des Herrn Gérard verdanke ich die Mittheilung des auf seiner Hütte verwandten Durchschnittssatzes. Derselbe ist:

Sand . . . . 287 Theile
calcin. Glaubersalz . . 100 »
roher Kalkstein . . . 100 »
Kohle . . . . . . 4,2 »

Das bei Anwendung dieses Satzes unter Annahme reiner Materialien in Aussicht stehende Glas müsste die Zusammensetzung:

Kieselsäure 73,7
Natron 11,5
Kalk 14,8
Summa 100,0 haben.

Das zur Analyse benutzte Glas ist mithin eine entweder zufällig, oder absichtlich ausnahmsweise reicher angesetzte Probe.

3. Fensterglas I. Sorte von Chance Br. et Comp. bei Birmingham.

Die Probe war dünn und von beiden Seiten polirt, und soll dieses Glas namentlich zur Aufnahme photographischer Negative Anwendung finden. Es ist gut geschmolzen, sehr sorgfältig geläutert, weiss, und stammt aus dem Jahre 1857. Sp. Gew. = 2,530.

4

Kieselsäure 70,71
Natron . . . . . 13,25 $\dfrac{\text{Natron}}{\text{Kalk}} = \dfrac{1}{1,009}$
Kalk 13,38
Thonerde + Eisenoxyd 1,92
            Summa 99,26

4. Fensterglas II. Sorte, ebendaher und aus demselben Jahre. Die Probe war regelmässig wellig. Sie war gut geschmolzen und geläutert, zeigte einen Stich in's Grüne und besass das sp. Gew. = 2,526.

Kieselsäure 72,90
Natron . . . . . 12,45 $\dfrac{\text{Natron}}{\text{Kalk}} = \dfrac{1}{1,065}$
Kalk 13,26
Thonerde + Eisenoxyd 1,93
            Summa 100,54

Ob diese Sorten aus Glaubersalz oder Soda geschmolzen, ist mir unbekannt, und in Betreff der Eigenschaften des fertigen Productes jedenfalls gleichgültig. Da in England indess im Ganzen wenig Glaubersalz verschmolzen wird, berechnete ich den nachstehenden muthmasslichen Satz für Soda. Es würde dann, aus dem Gemenge

Sand . . . . 290 Theile
85 procent. Soda . . 100 »
kohlens. Kalk . . . . 100 »

ein Glas resultiren dessen Zusammensetzung:

Kieselsäure 73,4
Natron 12,4
Kalk 14,2
            Summa 100,0

mit der des obigen Glases sehr gut übereinstimmt. Zur Zeit schmilzt Chance Glaubersalzglas und muss dann das für Nr. 3 verwandte Gemenge etwa folgendes sein:

Sand . . . . 100 Theile
Glaubersalz . . . . 43 »
Kalkstein . . . . . 34 »
Kohle . . . . . . 2 »

5. Fensterglas von Widder bei Gatschina (bei St. Petersburg).
Im Ganzen gut geschmolzen und geläutert. Stich in's
Bläuliche, mit Mangan überfärbt; 1866 geliefert. Sp. Ge-
wicht = 2,505.

Kieselsäure 69,87
Natron . . . . . 21,60 $\dfrac{\text{Natron}}{\text{Kalk}} = \dfrac{1}{0,370}$
Kalk 8,00
Thonerde + Eisenoxyd 0,49
Summa 99,96

6. Fensterglas der Hütte Fennern bei Pernau (Livland).
Rampich, weich, leicht erblindend. Stich in's Braune,
stammt aus dem Jahre 1860—62. Sp. Gew. = 2,608.

Kieselsäure 64,41
Natron . . . . . 15,76 $\dfrac{\text{Natron}}{\text{Kalk}} = \dfrac{1}{0,260}$
Kali 10,50
Kalk 5,81
Thonerde + Eisenoxyd 3,50
Summa 99,98

(Das Verhältniss von Alkali zu Kalk wurde der Uebersichtlichkeit wegen auf reines Natronglas umgerechnet,
wie solches auch bei den folgenden »halbirten« und reinen
Kaligläsern geschehen).

**7. Geblasenes Spiegelglas (altes) von Amelung & Sohn
bei Dorpat.**
Gut geschmolzen und geläutert. Bei directer Holz-
feuerung 1860—62 geschmolzenes Kali-Natron-Glas. Als
Spiegelglas seiner Zeit sehr geschätzt, als Fensterglas weniger, weil leicht erblindend. Stich in's Braune. Sp. Gewicht = 2,608.

Kieselsäure 62,29
Natron . . . . 6,78 $\dfrac{\text{Natron}}{\text{Kalk}} = \dfrac{1}{0,314}$
Kali 21,12
Kalk 6,50
Thonerde + Eisenoxyd 3,25
Summa 99,94

4*

III. Weisses und halbweisses Hohlglas.

1. Medicinglas von einer rheinischen Hütte.

Gut geschmolzen und geläutert, hart, leichter Stich in's Grüne. Sp. Gew. $= 2{,}491$.

Kieselsäure 72,07
Natron . . . . . 18,45 $\dfrac{\text{Natron}}{\text{Kalk}} = \dfrac{1}{0{,}485}$
Kalk 8,96
Thonerde + Eisenoxyd 0,54
Summa 100,02

2. Dito ebenfalls von einer rheinischen Hütte.

Aeusseres Verhalten wie bei Nr. 1. Sp. Gew. $= 2{,}471$.

Kieselsäure 72,47
Natron . . . . . . 19,70 $\dfrac{\text{Natron}}{\text{Kalk}} = \dfrac{1}{0{,}363}$
Kalk 7,16
Thonerde + Eisenoxyd 0,65
Summa 99,98

Die beiden vorstehenden Proben sind wahrscheinlich 1865 oder 66 fabricirt, ihre Zusammensetzung deutet auf einen Satz, der je nachdem Glaubersalz oder Soda angewandt wurde, gewesen:

Sand . . . . . 200 Theile . . . . . 200 Theil
calcin. Glaubersalz 125 »   85 proc. Soda 100 »
roher, gemahl. Kalk 40 »   . . . . 40 »
Kohle . . . . 6 »   . . . . . — »

Diese Sätze gäben wieder unter Annahme reinen Materials, Gläser der Zusammensetzung:

Kieselsäure . 72,5   .   73,7
Natron . . 19,4 . . . 18,0
Kalk . . . 8,1 . . . 8,3
Summa 100,0 . . . 100,0

3. **Becherglas für chemische Laboratorien, Société anonyme d'Herbathe bei Namur.**

Gut geschmolzen und geläutert, 1865 geliefert. Stich in's Meergrüne. Sp. Gew. = 2,442.

Kieselsäure 78,50
Natron 13,83   Natron   1
Kalk . . . . . 7,71 $\dfrac{\text{Natron}}{\text{Kalk}} = \dfrac{1}{0,557}$
Thonerde + Eisenoxyd 0,12
Summa 100,16

Dieser Zusammensetzung entspräche ein Gemenge:

Sand . . . . ,   . 200 Theile
85 procent. Soda . . 66,5 »
roher Kalkstein . . . 34,5 »

4. **Schwer schmelzbare Glasröhre (Verbrennungsröhre) von Warmbrunn, Quilitz et Comp. zu Jemlitz und Tschornow.**

Gut geschmolzen und geläutert, 1866 bezogen, weiss. Sp. Gew. = 2,467.

Kieselsäure . . 74,06
Natron . . 11,46
Kali . . 3,92 $\dfrac{\text{Natron}}{\text{Kali}} = \dfrac{1}{0,691}$
Kalk 9,71
Thonerde + Eisenoxyd 0,98
Summa 100,13

5. **Becherglas für chem. Laboratorien von Jos. Rütling et Comp. bei St. Petersburg.**

Gut geschmolzen und geläutert, 1866 geliefert, weiss, sehr geschätzt. Sp. Gewicht := 2,488.

Kieselsäure 74,66
Natron . . . 10,36
Kali . . . . . . 4,32 $\dfrac{\text{Natron}}{\text{Kali}} = \dfrac{1}{0,691}$
Kalk 9,13
Thonerde + Eisenoxyd 0,78
Summa 99,25

Die beiden letzten Proben zeigen so grosse Aehnlichkeit in der Zusammensetzung, dass man sie für Producte
derselben Hütte halten könnte. Der angewandte Satz muss
in runden Zahlen etwa folgender gewesen sein:

Sand . . . . 275 Theile
85 procent. Soda . . . 85 »
85 » Pottasche . . . . 25 »
roher Kalkstein . . . . . 65 »
(oder gebrannter Kalk . . 35 »)
indess dieses gäbe:
Kieselsäure 75,7
Natron 10,7
Kali 4,0
Kalk 9,6
Summa 100,0

**6. Weinglas von Heltmann et Jansen. Hütte Nostjö bei Towas-
tehus (Finnland).**

Gut geschmolzen und geläutert, 1866 producirt, weiss.
Sp. Gew. = 2,399.

Kieselsäure 74,37
Natron 3,42
Kali . . . . . . 12,71 $\dfrac{\text{Natron}}{\text{Kalk}} = \dfrac{1}{0,764}$
Kalk 9,02
Thonerde + Eisenoxyd 0,71
Summa 100,23

Den Verhältnissen der Einzelbestandtheile nach steht
dieses Glas den eben angeführten sehr nahe. Ein beab-
sichtigter Natronzusatz dürfte zu dem daselbst geliefert
habenden Gemenge nicht gemacht sein, da der Natrongehalt des Glases nicht höher, als er sich beim Verschmelzen
guter russischer Pottasche ergeben würde. Die Zusammensetzung einer solchen aus St. Petersburg bezogen, fand ich:

Kali 46,67
Natron 15,10
Kalk 1,56
Kohlensäure 26,95
Schwefelsäure 5,13
Kieselsäure und Sand 1,42
Thonerde, Eisenoxyd, Manganoxyd . . . . Spuren
Wasser und Verlust 3,17

Summa 100,00

Das Verhältniss $\dfrac{\text{Kali}}{\text{Natron}} = \dfrac{3,09}{1,00}$ in dem obigen Glase $= \dfrac{3,70}{1,00}$

7. Goldfischbehälter von Gebr. Sinowjeff bei St. Petersburg.

Gut geschmolzen und ziemlich gut geläutert. Stich in's Braungraue. Sp. Gew. = 2,478.

Kieselsäure 75,94
Natron 15,61
Kalk 8,01
Thonerde + Eisenoxyd 0,90

Summa 100,46

Das Fabricationsjahr war nicht zu ermitteln, bezogen wurde der Behälter zwischen 1862 und 1866.

8. Glastrichter von der Nikolskischen Hütte bei Gatschina (Gouvern. St. Petersburg).

Gut geschmolzen und geläutert, geliefert 1866. Intensiver Stich in's Blauviolette, mit Mangan überfärbt. Sp. Gew. = 2,477.

Kieselsäure 74,50
Natron 12,21
Kali . . . . . . 3,50 $\dfrac{\text{Natron}}{\text{Kalk}} = \dfrac{1}{0,593}$
Kalk 8,61
Thonerde + Eisenoxyd 1,12

Summa 99,94

Die Zusammensetzung dieser Probe zeigt grosse Uebereinstimmung mit der des Rüting'schen Glases.

9. Bierglas (Wasserglas) von einer Malzow'schen Hütte (Twersches Gouvernement, Russland).

Gut geschmolzen und ziemlich gut geläutert. 1866 geliefert, mit Mangan überfärbt. Stich ins Blauviolette. Sp. Gew. = 2,425.

Kieselsäure 73,90
Natron...... 6,90
Kali....... 12,55
Kalk 5,65
Thonerde + Eisenoxyd 0,90
Summa 99,90

$$\frac{\text{Natron}}{\text{Kalk}} = \frac{1}{0,372}$$

Das Malzow'sche Glas erfreut sich im Ganzen in Russland guten Rufes. Die vorliegende Probe ist indess nicht geeignet denselben als berechtigt erscheinen zu lassen. Ihrem Aeussern nach ist sie höchstens mit gutem, halbweissen Glase auf eine Stufe zu stellen, ihrer Zusammensetzung nach viel zu weich, und durch Verwendung von Pottasche zum Gemenge zu theuer.

In dem Vorstehenden sind wiederholt Satzberechnungen gegeben, bei denen die von namhaften Autoren angenommene Alkaliverflüchtigung während der Schmelze — von Stein in seiner »Glasfabrication« p. 28 auf 16% taxirt — unberücksichtigt gelassen ist. Es geschah solches, weil einmal die für dieselbe angegebenen Werthe mir zu sehr hypothetischer Natur zu sein schienen, und meine eigenen Erfahrungen beim Glaubersalzschmelzen der Annahme widersprachen. —

In einem neuen, zu diesem Zwecke angefertigten Probiertiegel aus Thon von Andennes (Belgien) wurde folgender Satz geschmolzen:

Sand .... 50 Pfund
Glaubersalz..... . 19,5 »
roher Kalkstein .... 19,0 »
Holzkohle .... 1,5 »

$Al_2O_3\ 2\,SiO_2$	$Na\,O\ 3\,SiO_2$	$K\,O\ 3\,SiO_2$	$Ca\,O\ 3\,SiO_2$	$Si\,O_2$	$Na\,O$	$K\,O$	$Ca\,O$	Gewichtsverhältniss von Alkali =1 ru Kalk im Rest.	% Normalglas ÷ Thon.
1,65	—	—	—	—	2,35	—	0,44	0,195	97,2
1,80	—	—	—	—	2,62	—	0,11	0,043	97,7
2 —	—	—	—	—	1,76	—	2,45	1,392	95,8
1,85	—	—	—	—	1,93	—	0,04	0,020	97,2
1,10	—	—	—	—	1,95	—	1,82	0,933	96,0
1,05	0,62	—	—	—	0,54	—	—	—	98,7
1,95	—	—	—	—	1,79	—	2,55	1,424	95,8
1,18	—	—	—	—	2,31	—	0,43	0,186	97,6
3,12	—	—	—	—	3,31	—	0,80	0,241	96,1
2,79	—	—	—	—	2,92	—	0,55	0,289	95,6
1,73	—	—	—	—	1,87	—	3,18	1,569	93,8
4,51	—	—	—	—	3,14	—	0,75	0,239	96,0
4,16	—	—	—	—	3,42	—	0,96	0,280	94,8
5,05	—	—	—	—	2,44	—	1,97	0,807	95,5
5,78	—	—	—	—	4,22	—	0,54	0,128	95,2
4,38	—	—	—	—	3,60	—	6,01	1,629	90,7
4,14	—	—	—	—	4,12	—	5,67	1,376	89,7
2,12	24,82	—	—	0,96	—	—	—	—	74,4
1,54	13,35	5,38	—	10,38	—	—	—	—	71,1
1,69	23,18	—	—	0,20	—	—	—	—	69,9
1,17	28,98	—	—	—	3,95	—	—	—	66,6
2,52	30,09	—	—	3,27	—	—	—	⟵	66,8
1,95	36,22	—	—	3,81	—	—	—	—	60,4
1,06	33,25	—	—	--	6,75	—	—	—	59,5
0,26	30,17	—	—	13,44	—	—	—	—	56,5
1,41	44,39	—	—	—	2,67	—	—	—	52,7
7,01	—	34,59	—	—	6,78	1.39	—	—	57,1
1,62	52,16	—	—	—	0,08	—	—	—	49,6
3,57	30,33	—	—	18,87	—	—	—	—	51,1
1.37	45,12	—	—	7,79	—	—	—	—	45,8
7,58	29,09	10,17	—	—	8,31	—	—	—	52,4
1,95	48,09	—	—	5,28	—	—	—	—	45,6

Seite 56.

Das verwandte Glaubersalz enthielt nach vorhergegangener Bestimmung 43,2 % Natron; der Kalk Spuren von Thonerde + Eisenoxyd, der Sand dasselbe + 0,25 % Kalk. Das nach 24 Stunden Schmelzdauer im Siemens'schen Ofen ausgegossene Glas gab die Zusammensetzung:

Kieselsäure 74,05
Natron 11,12
Kalk 12,96
Thonerde + Eisenoxyd . . 1,87
Summa 100,00

Nimmt man wie oben an, die 1,87 % Thonerde + Eisenoxyd seien in Form von Thon ($Al_2 O_2 Si O_3$) in die Masse gekommen, so ergibt sich

50 Pfund Sand lieferten Kieselsäure . . . 50 Pfund
19,5 » Glaubersalz (t 43,2 % Natron) lieferten Natron . . . . . 8,4 »
19,5 » reiner kohlens. Kalk = Kalk . . 10,1 »
1,5 » Kohle . . . . —
99,5 Gemenge lieferten Glas . . . . . . 68,5 Pfund
hierzu 1,87 % Thonerde . . . 1,25 »
und $\dfrac{60 . 1,87}{51,4}$ Kieselsäure . . . . 1,50 »

S. S. Glas + Thon 71,25 Pfund

Und es ergaben sich mithin:

die berechnete und die gefundene Zusammensetzung:

Kieselsäure . . . 72,3 74,05
Natron 11,7 11,12
Kalk 13,2 12,96
Thonerde + Eisenoxyd . . 1,9 . . . 1,87
Summa 100,0 100,00

Die Differenz dieser Beiden ist so gering, dass dieselbe für technische Zwecke jedenfalls unberücksichtigt bleiben kann.

. Noch mögen hier 2 Versuche Platz finden, die ich, wie bereits oben erwähnt, anstellte, um mich in Betreff des Unterschiedes in der Resistenzfähigkeit des kalkreichen und kalkarmen Glases, von der Richtigkeit der von Pelouze mitgetheilten Beobachtungen zu überzeugen. Zunächst wurden je 5 grm. möglichst gleichmässig gepulverten Glases der Sorten Nr. 1, Nr. 28 und Nr. 29 der vorstehenden Tabelle II als Repräsentanten des »Normalglases«, seines Gemenges mit $Na O 3 Si O_2$ und mit $Na O 3 Si O_2$ + überschüssiger $Si O_2$ mit je 30 C-C. auf ihr dreifaches Volumen verdünnter, käuflicher Chlorwasserstoffsäure 48 Stunden auf dem Sandbade dirigirt, das rückständige Pulver wurde alsdann von der Lösung durch Filtration geschieden, mit heissem Wasser ausgewaschen, und nach dem Trocknen bei 100^0 C gewogen.

Nr. 1.	Nr. 28.	Nr. 29.
Glas von Münsterbusch (St. Gobln).	von Ravenhead (St. Hellena).	von Münsterbusch (Aachener Gesellsch).
96,55% Normalglas.	47,96% Normalglas.	47,53% Normalglas.
0,65 » Thon.	1,62 » Thon.	3,57 » Thon.
2,35 » übersch. Natron.	51,16 » kiesels. Natron.	30,33 » kiesels. Natron.
0,44 » » Kalk.	0,08 » übersch. »	18,37 » übersch. Kiesel-
99,99	100,82	99,80 säure.

ergaben in obiger Weise behandelt:

0,076 gm. Verlust = 0,152 gm. = 0,092 gm. =
1,52 % » 3,04 % Verlust. 1,84 % Verlust.

Aus dem vorstehenden Vergleiche ergibt sich mithin, dass, ungeachtet dessen, dass das kalkreiche Glas Nr. 1 nicht so vollständig gesättigt mit Kieselsäure, wie das kalkarme Nr. 28, dennoch zweimal so resistent sich zeigte, und dass selbst bei so bedeutender Uebersättigung wie sie Nr. 29 aufweist, — es kommen in demselben nahezu 4 Aeq. Kieselsäure auf 1 Aeq. basischen Bestandtheil — die Resistens des Glases Nr. 1 noch nicht erreicht worden ist. Ginge man aber auch über diese Kieselsäuremenge hinaus, so müsste nach den von Pelouze mitgetheilten Beobachtun-

gen eine Entglasung, wenigstens bei Spiegel- und Fensterglas unbedingt eintreten.

Bei wiederholtem Digeriren mit siedendem Wasser fand
Pelouze, wie bereits oben erwähnt, dass das Glas eine tief-
greifende, seiner Zusammensetzung nach in ihrer Grösse
wechselnde Zersetzung erlitt. Die Natur derselben gehört
freilich nicht in die Grenzen der vorliegenden Untersuchung
und so begnüge ich mich denn damit, hier nur anzuführen, dass, nach dem eben genannten Autor, dem Glase
durch Wasser Schwefelsaures Natron und ein Silikat der
Zusammensetzung: 4 Na O 9 Si O$_2$ (2 Na O 3 Si O$_3$) ent-
zogen wurde. Die Grenzwerthe für den Gehalt an Glaubersalz waren je nach der sonstigen Zusammensetzung des
Glases 1 pro mille bis 2 Procent, und es zeigen die mit
Kieselsäure übersättigten Gläser naturgemäss den geringern
Glaubersalzgehalt. Es gewinnt hienach somit auch den
Anschein als sei erst eine dem Trisilicat entsprechende
Menge Kieselsäure genügend, um bei der höchsten Tempe-
ratur unserer Schmelzöfen, eine vollständige Zersetzung
des Glaubersalzes herbeizuführen.

Indem ich den Versuch des Behandelns mit heissem
Wasser mit einem mit Kieselsäure übersättigten Glase,
Nr. 30 der II. Tabelle, machte, gewann ich folgende Re-
sultate. 16,10 gm. Glas 72 Stunden mit destillirtem Wasser
digerirt hatten an dasselbe abgegeben 0,1935 grm. feste
Substanz der Zusammensetzung:

Kieselsäure	. . . 28,43	Kohlens. Natron . .	57,80
Natron	 47,39	schwefels. Natron . .	0,32
Schwefelsäure	. . 0,18	kiesels. Natron . .	39,47
Kohlensäure + Ver-		(Na O 2 Si O$_2$)	
lust	 24,00	Kieselsäure	2,41
	Summa 100,00		Summa 100,00

Enthält das Vorstehende nun auch diejenigen Angaben, auf die man um sich über die Zusammensetzung der besseren bleifreien Gläser des Handels ein Urtheil zu bilden gegenwärtig angewiesen sein dürfte, und war ich auch bemüht, durch Berechnung der »praktischen Formeln« einen übersichtlichern Ausdruck für die analytischen Data zu gewinnen, so treten die Abweichungen der Praxis von der Normalzusammensetzung wie solche für manche Sorten des Handels fast allgemein gebräuchlich geworden zu sein scheinen, aus den vorstehenden Uebersichtstabellen doch noch nicht klar genug hervor, und hielt ich es für geboten, auf die einzelnen Sorten in dieser Beziehung genauer einzugehen. —

Ordnet man die in Tab. I und II aufgeführten Proben nach Handelssorten, und die in denselben nach Angabe der »practischen Formeln« neben dem Normalglase vorkommenden Bestandtheile nach ihrer Art, so ergibt sich die folgende Uebersicht, in der als Ausdruck für das Vorkommen bestimmter Nebenbestandtheile in einer der aufgeführten Proben, die laufende Nr. derselben aus Tab. I oder II in die betreffende Verticalcolonne eingetragen wurde.

Als den Character des Glases mehr oder weniger bedingende Nebenbestandtheile enthält somit:

	Na O resp. KO neben Ca O bei nahezu normalem Verhältniss der Flussmittel	Na O 3 SiO₂ resp. KO 3 SiO₂ neben Na O resp. KO.	Ca O 3 SiO₂ neben Ca O.	Na O 3 SiO₂ resp. KO 3 SiO₂ neben SiO₂	Ca O 3 SiO₂ neben SiO₂
Gegossenes Spiegel- und Fensterglas	Tab. I. Nr. 1, 3. Tab. II. Nr. 1, 4, 5, 6, 7, 9, 11, 12, 14, 15, 16, 17.	Tab. II. Nr. 28.	—	Tab. I. Nr. 33, 34, 35. Tab. II. Nr. 29, 30.	—
Geblasenes Tafelglas	I: 4, 5, 7, 8, 9, 10, 11, 15, 20. II: 2, 8, 10, 13.	I: 6, 18, 31; II: 24, 27, 31.	—	—	—
Weisshohlglass	I: 2.	I: 32. II: 21, 26.	—	I: 12. II: 18, 19, 20, 23, 25, 32.	—
Schleifglas (böhm. Krystall)	—	—	—	I: 13, 16, 22, 24, 26.	I: 23.
Halbweisses Hohlglas	I: 19.	—	I: 14, 21.	—	I: 25.

Sucht man nun mit Hülfe vorstehender Uebersicht aus
den beiden Tabellen für die einzelnen angeführten Sorten
festzustellen, ob sich allgemein oder doch im Ganzen anerkannte Zusammensetzungs-Modificationen für jede einzelne
aufweisen lassen, so ergibt sich, dass sobald bedeutendere
Abweichungen von der Normalzusammensetzung auftreten,
man auch gleichzeitig den Eindruck erhält, als sei schran-
kenloser Willkür Thor und Thür geöffnet.

Beginnen wir unsere Betrachtungen mit dem jüngsten
Producte der Glasindustrie, dem **gegossenen Spiegel- und
Fensterglase** und schliessen vorläufig die kalkarmen Gläser
von derselben aus, so zeigt sich, dass gutes Tafelglas ein
durch einen geringen Ueberschuss von Fluss-
mitteln weicher gestimmtes Normalglas ist.
Der Ueberschuss an Natron und Kalk beträgt für die untersuchten Proben im Durchschnitt 3,60% des Productes.
Das Maximum 4,35% und das Minimum 1,95% fanden
sich in 2 Gläsern von Münsterbusch Tab. II, Nr. 11 und
Nr. 4. Was das relative Verhältniss von Natron zu Kalk
in diesem Ueberschusse betrifft, so ist das Durchschnitts-
Verhältniss $\frac{Natron}{Kalk} = \frac{1}{0,863}$. Das relative Maximum von Natron zeigt das Fensterglas I. Sorte von Münsterbusch (Ta-
belle II, Nr. 4) $\frac{Natron}{Kalk} = \frac{1}{0,010}$, das Minimum, das ebendaher stammende Spiegelglas Tab. I, Nr. 1 $\frac{Natron}{Kalk} = \frac{1}{2,208}$.

Für gutes geblasenes Fensterglas ergeben sich
ähnliche Resultate. In einem der untersuchten Gläser findet sich ein nur aus Natron bestehender Ueberschuss von
3,01%. Lässt man diese Probe als einzige in ihrer Art
vorläufig unberücksichtigt, so zeigen die guten anderen
Gläser einen im Durchschnitte 4,91% betragenden Ueberschuss an Natron und Kalk. Das Maximum, Tab. I, Nr.
10 = 7,68%, das Minimum Tab. II, Nr. 2 = 2,73%. Das
relative Durchschnitts-Verhältniss von $\frac{Natron}{Kalk} = \frac{1}{0,624}$; Maximum: $\frac{Natron}{Kalk} = \frac{1}{0,045}$ in Tab. II, 2; Minimum: $\frac{Natron}{Kalk} = \frac{1}{2,971}$
in der Probe Tab. I, 9. Hienach wäre mithin das gebla-

sene Fensterglas etwas weicher als das entsprechende Guss-
glas, ein Umstand der berechtigt erscheint, wenn man bedenkt, dass ersteres bei der bedeutend längere Zeit erfor-
dernden Ausarbeitung so wie bei der Manipulation des
Streckens, sowohl im Hafen als im Streckofen der Entglasung und den sie bewirkenden Ursachen weit mehr aus-
gesetzt ist.

Mit den hier aus der Analyse fertiger Gläser gewonnenen Resultaten stimmen die officielen Satzangaben, die
bei der londoner Ausstellung von 1862 gesammelt worden[1])
im Ganzen überein. Die in verschiedenen Ländern für
Tafelglas in Anwendung kommenden Durchschnittsgemenge
wären nach diesem Berichte in:

	Eng-land.	Preus-sen.	Bel-gien.	Frank-reich.	Böh-men.	Frank-reich.	Stol-berg.
	Geblasenes Tafelglas.					Spiegel-glas.	
Sand	100	100	100	100	100	100	100
roher Kalkstein .	38	—	41	—	—	--	38
Kalkspath . . .	—	37	—	—	—	—	—
Kreide	—	.-	—	35	30	24	—
Glaubersalz . . .	28	34	34	36	—	38	38
Soda	—	5	—	—	24	(33)	—
Kohle	1,3	2,25	2,5	1,75	—	2,5	2,5
Arsenik	--	—	1,5	—	—	1—2	0,5

Ich habe diese Tabelle hier aufgeführt, obschon ich
nicht daran zweifle, dass fast jeder Fachmann über auf
der einen Seite detaillirte und doch höchst fragliche Angaben über Satzverhältnisse ganzer Länder die Achsel
zucken wird. Worauf sollte z. B. die Angabe gestützt sein,

[1]) Wagner's Jahresbericht über die Fortschritte der techn. Chemie, Jahrgang 1863, p. 389 nach: »Amtlicher Bericht über die londoner Ausstellung.« Berlin 1863.

dass die preussischen Tafelglashütten »Kalkspath« verschmelzen, was fast nur in Westphalen üblich, oder zum
Glaubersalzgemenge auf 100 Theile Sand 5 Theile Soda
zusetzen? Dass eine oder die andere Hütte solches thut
ist möglich, dass es aber durchschnittlich geschieht, mehr
als zweifelhaft. · —

In Betreff des Weisshohlglases und des Schleifglases ist aus dem bisher bekannten ersichtlich, dass die
Möglichkeit der Verwendung von dem Normalglase ähnliche Producte liefernden Sätzen nicht bestritten werden
kann. Für die erstere Sorte haben wir den Beweis in dem
von Pelouze untersuchten, besten französischen Weisshohl-
glase Tab. I, 2, welches ausser Normalglas nur 4,48 %
Schmelzmittelüberschuss enthielt, deren relatives Verhält-
niss $\frac{Natron}{Kalk} = \frac{1}{1,045}$; und wenn es für Schleifglas den Anschein hat, als sei es wenigstens bisher nicht versucht,
normalglasähnliche Producte zu Krystall zu verwerthen,
so zeigt der von Dumas untersuchte böhmische Becher
Tab. I, 22 doch eine Zusammensetzung, die sich von
der normalen nur durch einen Ueberschuss von 2,33 %
K O 3 Si O₂ und überschüssige Kieselsäure unterscheidet.
Kommt hiezu noch, dass ein anderer hiehergehöriger Becher Tab. I, 23 an Stelle des Ueberschusses von Alkalisi-
likat-einen solchen von 16,56 % Ca O 3 Si O₂ erkennen
lässt, so dürfte sich kein haltbarer Grund für die Herstellung kalkarmen und in Folge dessen spröden Schleifglases
anführen lassen.

Mit Ausnahme der oben angeführten französischen
Probe, zerfallen die in Tab. I und II aufgeführten Hohl-
gläser ihrer Zusammensetzung nach in 2 Arten, von denen
die erste als ein Gemenge von Normalglas, kieselsaurem
Alkali und überschüssigen »freiem« Alkali betrachtet werden kann, und alsdann ein Analogon in manchen Fensterglassorten findet; die andere an Stelle des Alkaliüberschus-
ses »überschüssige« Kieselsäure enthält und mit dem

Schleifglase und kalkarmen Spiegelglase der Zusammensetzung nach übereinstimmen würde.

Trat uns bei den bisher betrachteten Glassorten eine
gewisse Gleichmässigkeit in den relativen Verhältnissen
ihrer Bestandtheile entgegen, die es ermöglichte, Durch-
schnittswerthe zu erhalten, so sind wir hier auf einem Gebiete angelangt, wo solches nicht mehr thunlich; jeder
Versuch einer einheitlichen Auffassung scheitert, und ist
es mir daher auch nur möglich, als Belege für die hier
herrschende Confussion eine Uebersicht der basischen, und
eine andere der mit Kieselsäure übersättigten Proben zu-
sammenzusetzen.

Neben Normalglas und Thon enthalten überschüs-
siges Alkali und kieselsaure Alkalien die folgenden
Weisshohl- und Tafelgläser:

		Na_2O.	KO.	$Na_2O\,3SiO_2$	$KO\,3SiO_2$
	Tab. I. 32	1,10 %	—	42,32 %	—
Weisshohlglas	» II. 21	3,95 »	—	28,98 »	—
	» II. 26	2,67 »	—	44,39 »	—
	» I. 6	4,48 »	—	3,09 »	—
	» I. 18	—	3,04	—	17,56 %
Fensterglas..	» I. 31	3,31 »	—	17,56 »	—
	» II. 24	6,75 »	—	33,25 »	—
	» II. 27	6,78 »	1,39	—	34,59 »
	» II. 31	8,31 »	—	29,09 »	10,17 »

Unter den hier aufgeführten Gläsern dürfte höchstens
noch das Fensterglas Tab. I Nr. 6 als gut gelten, und in
demselben der im Ganzen nicht grosse circa 5 % betra-
gende Natronüberschuss, wie wir einem ähnlichen auch
schon in dem Fensterglas Tab. I, Nr. 5 begegnet, als ge-
stattete Willkür gelten, da ich durchaus nicht der Ansicht, dass unbedingte Schablonen-Wirthschaft dem Gewerbe heilsam und dass es den einzelnen Hütten unter-
sagt werden könne, lokalen Verhältnissen, so wie den
Anforderungen der jeweitigen Bearbeitung entsprechend,

der das geschmolzene Glas zu unterliegen hat, ihre Sätze innerhalb gewisser Grenzen, die durch directe Versuche festzustellen sein würden, den Bedürfnissen zu accommodiren. Der mit Recht gefürchtetste Feind kalkreicher Glasarbeitender Hütten, ist die Entglasung, und erlaube ich mir hier ein Beispiel aus der eigenen Erfahrung anzuführen, welches beweist, wie geringe Unterschiede hier, den Satz bedingend, einwirken können.

Die Durchschnittszusammensetzung des hiesigen Spiegelglases, stimmt, wie aus Tab. II ersichtlich, bis auf einen geringen Mehrgehalt an Thon mit der des Glases von Münsterbusch überein und ist mir auf hiesiger Hütte noch kein Glas vorgekommen, das sich während des Kühlprozesses entglast hätte. Nun wird die erforderliche Temperatur des Kühlofens in der Weise bestimmt, dass, etwa in der Mitte desselben 9—10″ lange und 2″ breite Glasstreifen, mit ihrer Breitseite quer über auf hoher Kante stehende Ziegel gelegt, aufgestellt werden, und man die Zeit ab, wartet, wo diese Streifen so weit erweicht sind, dass die ursprünglich freistehenden Enden sich an die Seiten des Ziegels angelegt haben. Ist dieses eingetreten, so erfolgt der Guss, während dessen der Kühlofen offen ist und fortgeheizt wird. Obgleich nun die Temperatur der Ofensohle genügt, um das Glas, namentlich an den in der Nähe der Feuerungen befindlichen Stellen so weit zu erweichen, dass sich die Unebenheiten des Bodens in ihm abdrücken, entglast das frisch gegossene Glas sich nicht, während die Probestreifen, die mit ihm zusammen im Ofen bleiben, durchgängig stark, häufig vollständig entglast nach erfolgter Abkühlung aus dem Kühlofen kommen, obgleich ihre Anwesenheit in demselben nur circa 12 Stunden länger gedauert, in welcher Zeit sie allmählig bis zum Erweichen erhitzt wurden. Zu erklären bin ich dieses Verhalten nicht im Stande, dasselbe anzuführen hielt ich aber für erforderlich, indem das in Cylinderform geblasene Tafel-

glas beim Strecken in Verhältnisse kommt, die denen meiner Glasstreifen ganz ähnlich und daher der grössere
Ueberschuss an Schmelzmitteln, namentlich an Natron,
möglicherweise als durch die Praxis gefundenes Präservra-
tiv gegen Entglasung angesehen werden muss.

Mit sehr grosser Wahrscheinlichkeit, ja mit Gewiss-
heit kann man a priori annehmen, dass für Hohlglas, bei
dem während des Kühlprozesses keine Erweichung eintreten darf, ein solches der Entglasung entgegen arbeiten
nicht in dem Maasse erforderlich; und wenden wir nun
unsere Aufmerksamkeit der andern Art der oben er-
wähnten Hohlglassorten so wie dem böhmischen
Schleifglase zu, so sehen wir die eben gemachte Annahme durch die Praxis bestätigt.

Neben Normalglas und Thon enthalten dieselben überschüssige Kieselsäure und kieselsaures Alkali in der Form
des Trisilicats. Die in Tab. I und II aufgenommenen Proben geben uns folgende Uebersicht, in der wir wieder
grossen Schwankungen in den relativen Verhältnissen der
einzelnen Bestandtheile begegnen. Die hieher gehörigen
in den Tabellen verzeichneten Proben, sind im Nachfolgenden nach relativ steigendem Kieselsäuregehalte im Rest,
der nach Abzug von Normalglas -|- Thon bleibt, geord-
net.

		. Si O₂	Na O 3 SiO₂	K O 3 SiO₂	Auf 1 Aeq. Na O kommen Si O₂
	Tab. II. 18	0,96"/o	24,82%	—	3,0
	» II. 32	5,28 »	48,99 »	--	3,4
Weiss-	» II. 23	3,81 »	36,22 »	---	3,4
	» II. 20	6,20 »	23,18 »	--	4,8
hohlglas	» II. 25	12,44 »	30,17 »	-	4,9
	» II. 19	10,38 »	13,35 »	5,38 %	5,3
	» I. 12	6,72 »	8,00 »	—	6,4

5*

		Si O₂	Na O3SiO₂	KO 3 SiO₂	Auf 1 Aeq. Na O kommen Si O₂
	Tab. I. 13	6,38%/o	--	10,63%/o	5,7
Schleif-	» I. 24	16,24 »	---	12,70 »	5,8
glas	» I. 26	20,43 »	--	15,73 »	5,9
	» I. 16	9,72 «		6,27 »	9,7
	» I. 22	6,16 »	---	2,23 »	15,0

Von angezogenen Gläsern böhmischer Herkunft nähern sich die beiden letzten Tab. I, 16 und 22 was das Verhältniss von Säure und Basis in denselben betrifft der Zusammensetzung eines vierfach kieselsauren Kali-Kalksalzes. In Anbetracht des Verhältnisses von Kali zu Kalk ist die Abweichung von $\frac{5 \text{ KO}}{7 \text{ Ca O}}$ nicht sehr bedeutend. Ich lasse die procentischen Zusammensetzungen wie sie gefunden wurden, wie sie sich nach Abzug des Thons berechnen, und wie sie von der Formel 5 (KO 4 Si O₂) + 7(Ca O 4 Si O₂) gefordert werden, zum Vergleich hier folgen.

	Gefunden.		Berechnet.		
	Nr. 16.	Nr. 22.	Nr. 16. 6,51%Thon.	Nr. 22. 20,81% Thon.	5 (KO 4 Si O₂) + 7 (Ca O 4 Si O₂)
Kieselsäure	75,00	69,40	76,47	73,49	76,92
Kali. . .	13,00	11,80	13,90	14,90	12,61
Kalk . .	9,00	9,20	9,63	11,61	10,47
Thonerde .	3,00	9,60	—	—	-..
Summa	100,00	100,00	100,00	100,00	100,00

Dass diese Gläser sich nicht entglast hatten, beweist, dass Kalihohlglas jedenfalls in Betreff der Kieselsäureverwendung einen innerhalb viel weiterer Grenzen liegenden Spielraum gestattet, als Natrontafelglas und wahrscheinlich als Natronglas überhaupt, oder sollte hier der in Nr. 16 doch verhältnissmässig nur geringe Thonerdegehalt günstig gewirkt haben? Mir scheint eine solche Annahme zu gewagt.

Ein Blick auf die hieher gehörigen, wie oben nachgewiesen, nicht nachahmungswürdigen kalkarmen Spiegel-

gläser genügt, um uns zu belehren, dass grösserere Einig-
keit über die denselben zu gebende Zusammensetzung auf
den sie liefernden Hütten geherrscht, als wir sie bei den
bisher betrachteten kalkarmen Gläsern gefunden und dass
sich für dieselben eine annähernde Zusammensetzungsformel
geben lässt.

		Kieselsäure.	Natron.	Kalk.	Thonerde + Eisenoxyd.
	Tab. I. 33	78,68 %	12,54 %	6,09 %	2,68 %
	» I. 34	77,36 »	15,00 »	5,31 »	0,91 »
	» I. 35	77,90 »	12,45 »	4,85 »	3,59 »
	» II. 28	75,00 »	18,63 »	6,57 »	0,75 »
	» II. 29	78,72 »	12,92 »	6,51 »	1,65 »
	» II. 30	76,27 »	16,38 »	6,09 »	0,63 »

(Left margin: Zusammensetzung des Glases:)

Hieraus ergäbe sich die Durchschnittszusammensetzung:

Kieselsäure 77,0
Natron 14,7
Kalk 5,9
Thonerde + Eisenoxyd . . . 2,4
Summa 100,0

oder nach Abzug des Thon's

Kieselsäure 78,3
Natron 15,5
Kalk 6,2
Summa 100,0

wo sich dann als Annäherung die Formel:

$5 (2 Na O 7 Si O_2) + 2 (Ca O 7 Si O_2)$ mit:

Kieselsäure 77,7
Natron 16,4
Kalk 5,9
Summa 100,0 bietet.

Endlich noch ein Blick auf das halbweisse Glas,
wie solches namentlich zu niederen Tafel- und Hohlglassorten vielfache Verwendung findet. Als selbstständige
Art ist dasselbe, trotzdem das solches allgemein üblich,
nicht anzusehen, wollte man nicht, worauf die wenigen

Analysen hindeuten, dasselbe als aus nur reinen Materialien geschmolzenes, in der Mehrzahl der Fälle aber rationeller als das Weissglas zusammengesetztes und daher elastischeres und resistenteres Glas von meist heller oder intensiver meergrüner Farbe, charakterisiren, womit indess auch wenig gewonnen wäre. Es ist dieses Glas eben eine Uebergangsart vom Weissglase zum ordinären Hohlglas, in der Abweichungen von »Normalen« selbst wenn ein solches längst feststünde, gestattet erscheinen können und wäre meiner Ansicht nach nur ein Alkaligehalt der über den durch die Formel 5 (NaO 3 Si O$_2$)$+$7 (Ca O 3 Si O$_2$) gebotenen hinausginge, falsch. Wie weit der Kalkgehalt erhöht werden darf, und ob und in wie weit andererseits der Kieselsäuregehalt im Interesse leichterer Schmelzbarkeit herabgedrückt, lässt sich aus dem bisher Bekannten nicht bestimmen und dürfte sich auch nach der Verwendung richten müssen.

Ein sehr geschätztes solches Glas Tab. I, Nr. 25, zeigte die Zusammensetzung:

Kieselsäure	71,60	Normalglas		68,16
Kali	10,60	Thon		6,50
Kalk	10,00	kieselsaurer Kalk		4,88
Thonerde	3,00	Kieselsäure		15,66
Eisenoxyd	1,80	Eisenoxyd		1,80
Summa	97,00	Summa		97,00

Ein ähnliches Natronglas, Tab. I, Nr. 18 zeigte die Zusammensetzung:

Kieselsäure	62,00	Normalglas	77,54
Natron	16,40	Thon	6,03
Kalk	15,60	Natron	7,04
Magnesia	2,20	Kalk	8,19
Thonerde	2,40	Eisenoxyd	0,70
Eisenoxyd	0,70		
Summa	99,30	Summa	99,30

Diese weisen auf Sätze, die etwa wären:

Sand	. . . . .	100 Theile	.	100 Theile
90 proc. Pottasche		30 »	.	-- »
Glaubersalz	. . .	-- »	.	60 »
roher Kalkstein		25 »	.	50 »
Kohle	.	-- »	.	3 »

Das ordinäre Grünglas musste aus dieser Studie ausgeschlossen bleiben und sei hier in Betreff desselben nur darauf hingewiesen, dass bei ihm grösstmögliche Alkaliösonomie erst recht erforderlich wird, dass aber auch gerade hier in dieser Beziehung die gröbsten Fehlgriffe vorkommen. Als abschreckendes Beispiel nach der anderen Seite hin diene das Glas Tab. I, 28.

Ist nun im Vorliegenden der Versuch gemacht worden eine Lösung der Constitutionsfrage zu finden, um, wenn solches geschehen, der Industrie ein rationelles Arbeiten zu ermöglichen, so bin ich doch weit davon entfernt, die Akten über den vorliegenden Gegenstand für geschlossen zu halten. Namentlich auf dem weiten Gebiete der Hohlglasfabrikation bedürfen die im Vorstehenden entwickelten Ansichten einer umfassenderen practischen Confirmation; und so ergehe dann hiemit noch die dringende Bitte an Fabrikanten bleifreien Hohlglases, namentlich höherer Gattung, auch ihrerseits die Industrie fördern zu helfen, indem sie Mittheilungen darüber an die Oeffentlichkeit gelangen lassen, ob auf einer oder der anderen Hütte Gemenge mit gleichen, oder nahezu gleichen Quantitäten Soda oder Glaubersalz und Kalk, sowie analoge Pottaschen oder halbirte Gemenge mit gutem Erfolge geschmolzen werden. Als Organ für den Austausch einschlagender Erfahrungen und Beobachtungen erlaube ich mir, das unter Redaction von Dr. Schnedermann und Böttcher bei G. Wiegand in Leipzig erscheinende »Polytechnische Centralblatt,« das sich wiederholt um Veröffentlichung und Verbreitung die Glasindustrie betreffender Kundgebungen verdient gemacht, vorzuschlagen.

T h e s e n.

1. Die unitäre-typische Auffassung chemischer Verbindungen ist zwar in manchen Fällen bequem, aber einseitig.
2. Gesättigte Lösungen sind chemische Verbindungen.
3. Der Nachweis der Alkaliverflüchtigung während des Glasschmelzens auf Hütten, durch vergleichende Analysen der Rohmaterialien und des fertigen Productes ist unmöglich.
4. Die Entglasung ist eine Krystallisation des Glases, resp. einzelner in der Grundmasse gelöster Verbindungen, ohne Veränderung der Gesammtzusammensetzung.
5. Die Benutzung des sogenannten russischen — schwedischen — Stubenofens ist Brennmaterial-Verschwendung.
6. Mit technischer Chemie ist der Industrie nicht gedient.

Durch Entfernung des Autors vom Druckort haben sich folgende sinnentstellende Druckfehler eingeschlichen, um deren Correctur gebeten wird.

Pag. 5 Zeile 11 v. u. lies „Leng" für „Lemg".

„ 6 „ 14 v. o. „ 1868 für 1863.

„ 8 „ 8 v. o. „ „neueren" für „unseren".

„ 10 „ 10 v. u. „ „auf 4 Atom Alkali".

„ 11 „ 10 v. o. „ „leicht erblindete" für „nicht erbl."

„ 12 „ 15 v. u. „ „leicht gedient" für „nicht gedient".

„ 19 „ 5 v. o. „ $\frac{Natron}{Kalk} = \frac{50}{71} = \frac{1}{1,420}$".

„ 19 „ 6 v. u. „ „hohen" für „rohen".

„ 22 „ 15 v. u. „ „Rowney" für „Kowney".

„ 29 „ 17 v. u. „ „neuere Industrielle" für „unsere Industrielle".

„ 34 „ 3 v. o. „ „unreine" für „nur reine".

„ 36 „ 9 v. u. „ „klar" für „stark".

„ 49 „ 9 v. u. „ „weicher" für „reicher."

„ 66 „ 4 v. o. „ „kalkreiches Glas arbeitender" f. „kalkreicher Glasarbeitender".

„ 70 „ 1 v. o. „ „unreinen" für „nur reinen."

www.ingramcontent.com/pod-product-compliance
Lightning Source LLC
Chambersburg PA
CBHW021957190326
41519CB00009B/1294